Leonardo da Vinci

Der in Salzwedel geborene chemische Technologe und Autor Dr. Hermann Grothe veröffentlichte zahlreiche Werke aus dem technisch-naturwissenschaflichen Bereich. u.a.:
"Grothe, Hermann: Bilder und Studien zur Geschichte der Industrie und des Maschinenwesens"
"Grothe, Hermann: Die technischen Fachschulen in Europa und Amerika .... - 1882"
"Das Patentgesetz für das Deutsche Reich. - 1877"

Der Naturwissenschaftler Dipl.-Math. Klaus-Dieter Sedlacek, Jahrgang 1948, studierte in Stuttgart neben Mathematik und Informatik auch Physik. Nach fünfundzwanzig Jahren Berufspraxis in der eigenen Firma widmet er sich nun seinen privaten Forschungsvorhaben und veröffentlicht die Ergebnisse in allgemein verständlicher Form. Darüber hinaus ist er der Herausgeber mehrerer Buchreihen unter anderem der Reihen 'Wissenschaftliche Bibliothek' und 'Wissen gemeinverständlich'.

Dr. Hermann Grothe

Leonardo da Vinci

Seine naturwissenschaftlichen Studien und genialen Erfindungen

Neu illustrierte Ausgabe mit
über 20 ganzseitigen Bildtafeln und 77 Figuren im Text
herausgegeben von
Klaus-Dieter Sedlacek

Abenteuer Naturwissenschaft Band 5

Bibliografische Information Der Deutschen Bibliothek:
Die Deutsche Bibliothek verzeichnet diese Publikation
in der Deutschen Nationalbibliografie; detaillierte
bibliografische Daten sind im Internet über
http://dnb.ddb.de
abrufbar.

Neu illustrierte Buchausgabe

Herstellung und Verlag: BoD – Books on Demand, Norderstedt.
ISBN: 9783732295289

Leonardo da Vincis Erfindungen und Studien

Ein Beitrag
zur Geschichte der Naturwissenschaft und Technik.

(Periode 1450–1519.)

Von Dr. Hermann Grothe.

Mit 77 Figuren im Text und über 20 ganzseitigen Bildtafeln

I.

Nachdem ein Jahrhundert etwa vergangen ist seit jener Epoche, welche uns die großen Schöpfungen des Maschinenwesens geboren hat, ist es an der Zeit, die geschichtlichen Daten dieser und der folgenden Zeit zu sammeln und festzustellen, damit dem späteren Forscher die Arbeit erleichtert und der Vergessenheit so viel als tunlich entrissen werde. Aber diese Geschichte kann nicht ohne Rückblick auf die früheren Perioden geschrieben werden, denn die Errungenschaften der neueren Zeit stehen mit dem Schaffen der vorhergehenden Zeit in Verbindung; häufig fußen sie in dem vormals Gefundenen und Versuchten, und das, was in neuerer Zeit „gefunden" wurde und wird, ist nicht immer gefunden, sondern wiedergefunden, indem der schaffende Geist einzelner Vorfahren denselben Gedanken, der Zeit vorauseilend, ausführte, aber in den Verhältnissen der Zeit keinen fruchtbaren Boden haben konnte für das Produkt der schöpferischen Tätigkeit. Zweierlei sind die Kennzeichen der seitherigen Erfindungen gewesen, ob sie groß und anerkannt wurden, oder ob sie vergessen blieben, — erstens, dass sie etwas Neues enthielten und darboten, was das Bestehende an Leistungsfähigkeit und Nutzen überragte, — zweitens, dass sie wohl Neues in sich bargen, aber Neues, dessen Neuheit entweder nicht leistungsfähiger sich zeigte als Bestehendes für gleichen Zweck, oder aber so außerordentlich viel mehr leistete und so viel Neues mit sich brachte, dass der Menschengeist der gewöhnlichen Menge der Zeit nicht ausreichte, diese hohe Leistung zu begreifen, viel weniger zu benutzen. Ja nicht selten sind die Fälle, wo an Spekulationen, selbst wenn sie Neues schafften und enthielten ohne die Leistung des Bestehenden zu übertreffen, ein Menschengeist zu Grunde ging und in eingebildetem Undank der Welt seinen geistigen Tod fand, — aber jene Fälle sind noch häufiger, dass das seiner Zeit voreilende Genie Erfindungen machte, die seinen Zeitgenossen wegen der Größe der Idee unheimlich, gefährlich, ja strafbar erschienen! Wie viele frühere Entdeckungen uns verloren gegangen sind durch Aberglauben und Wortglauben, durch die Verfolgungen der fanatischen Geistlichkeit, die jeden denkenden Mann im Mittelalter zu verdächtigen für notwendig fand, und andererseits durch die Furcht vor den entsetzlichen Folgen nur des Verdachtes einer Ungläubigkeit, die aus jeder Tat und jedem Wort herauszudeduziren war, — wir können es nicht ermessen. Allmählich nur tauchen hier und da Notizen auf, Funde der fleißigen Forscher, dass diese und jene neue Sache bereits vor Jahrhunderten versucht ward, welche jetzt vollen Gebrauch genießt, nachdem sie wieder erstanden ist. Die freiere Denkungsart unserer Zeit bricht sich nach allen Richtungen hin Bahn, und was früher ängstlich verborgen ward, gelangt allgemach zur Kenntnis, und bestätigt das, was wir oben angeführt. Es ist aber notwendig, bei der Beurteilung der Leistungen der Jetztzeit die früheren ernst zu berücksichtigen. Wir müssen uns daher damit beschäftigen, den früheren Erfindern und Erfindern von Bedeutung nachzuspüren, vielleicht erhält dann manches Blatt der Geschichte der Erfindungen einen anderen Inhalt, und manches Bild gewinnt einen neuen Reiz oder verblasst im Schein der Vorzeit.

Für die Geschichtsschreibung über die Entwicklung der maschinellen Apparate und Vorrichtungen ist im allgemeinen noch wenig getan Ist doch überhaupt die geschichtliche Entwicklung der Technologie noch ungenügend durchforscht, und alle Berichte darüber glänzen noch durch ihre Lückenhaftigkeit. Im Ende des vorigen Jahrhunderts lebte kürzere Zeit hindurch ein regeres Streben hierfür, und dieser Periode verdanken wir die fleißigen Arbeiten

Abb. 1: Das Modell besteht aus einer dreirädrigen Wagenstruktur und einer vierten Rad, das an einer langen Lenkstange montiert ist. Die Räder sind über Zahnräder mit zwei Blattfedern verbunden, die über zwei Kurbeln gespannt werden können. In Leonardos Zeichnung werden nicht alle Elemente mit gleicher Ausführlichkeit beschrieben. Dies hat zu mehreren Interpretationsproblemen geführt: Der Wagen wurde lange als Vorläufer des Automobils betrachtet und bezieht sich wahrscheinlich auf eine Studie für eine Theatermaschine. In der Studie kommen bereits von Leonardo untersuchte und verwendete Mechanismen wie Armbrüste, Federn und Zahnräder zum Einsatz. Der Wagen wird durch ein manuelles Blattfedersystem angetrieben, das die in den Federn gespeicherte Kraft durch ein kompliziertes Getriebe auf die Antriebsräder überträgt und ihn so vorwärts bewegt.

Heeren's, Beckmann's, Poppe's, Gmelin's, Murhard's, Scheibel's, Heilbronner's, Meuken's, Rosenthal's u. A. und der Enzyklopädisten Allein, wenn auch die enzyklopädische Literatur weiterwucherte, — die eigentlich geschichtliche Forschung verlor an Intensität. Mit Ausnahme einzelner spezieller Geschichtsschreibungen über technische Einzelgebiete besitzen wir kein einziges umfassendes Werk über Geschichte der Technologie, denn auch Karmarsch's jüngst erschienenes bedeutendes Werk hat nur die Geschichte der Technologie im letzten Jahrhundert zum Vorwurf und greift nur hin und wieder wirklich eingehender auf die frühere Zeit hinüber.

Nicht mit Unrecht hat man geltend gemacht, dass dieser Umstand seine Entstehung der unvollkommenen Erledigung der Geschichtsschreibung für diejenigen Wissenschaften zuzuschreiben habe, welche als Fundamente der Technologie im umfassendsten Sinne gelten müssen. Wo wir auch hingreifen im Gebiet der angewendeten Mechanik, immer finden wir den Einfluss der induktiven Wissenschaften mächtig wirksam. Die Naturbetrachtung und die Naturforschung ist die Mutter aller unserer Hilfsgeräte, und die Erzeugung der letzteren ist um so häufiger und um so erfolgreicher, je mehr naturwissenschaftliche Studien getrieben worden sind. Die Geschichte der induktiven Wissenschaften sowohl als die Geschichte der alten Philosophen lehrt uns dies. Mit Thales begann die Naturforschung um 600 v. Chr. einen bestimmten Charakter zu gewinnen. Durch Pythagoras ward sie fortgeführt und nach gewissen Richtungen hin ausgebildet. Hippokrates, Sokrates, Plato lernten von der Natur und basierten ihre Philosophien auf solchen Anschauungen. Herodot und Theophrastus wussten die Bedeutung der Naturwissenschaften durchaus zu schätzen, und ihre Werke dienten denselben. Aristoteles begriff vielleicht am besten die gewaltige Bedeutung der Naturforschung durchweg und bemühte sich, den Gesetzen der Natur auf die Spur zu kommen. Wenn er in vielen Dingen hierfür absolut falsche Bahnen betrat, so war doch sein Wort und sein Bestreben von allerwichtigstem Einfluss, und von ihm an, — lange, zu lange sogar in fast sklavischer Anerkennung seiner Autorität — trieb man Mathematik, Mechanik, Astronomie u. s. w. in seinem Geiste und in Nachfolge seiner Bahnen. Das Museum zu Alexandria und seine Gelehrten konnten sich nicht vom Aristotelischen Einfluss losmachen, wenn auch Einzelne wie Euklides, Eratosthenes, Hipparchus, Aristarchus selbstständig auftraten. Die Lehren des Aristoteles entbehrten der Klarheit, und ohne aus einer wirklichen Erfahrung oder aus Versuchen hervorzugehen, enthielten sie lediglich Spekulationen, zwar oft geistreich und hart an der Wahrheit hinstreifend, aber ohne Beweis und Beleg aus der Natur der Dinge selbst. Wie ein strahlender Held der wirklichen Forschung, der Durchdringung der Gesetze der Natur taucht dazwischen Archimedes (287–212 v. Chr.) auf, von dem Silius Italicus schreibt:

Ewige Zierde verlieh ein Mann der korinthischen Pflanzstadt,

Weit voraus an Talent den anderen Söhnen der Tellus,

Arm an Besitz, doch offen dem Auge lag Himmel und Erde!

… und von dem unser Leibniz sagt:

„Wer den Archimedes zu begreifen im Stande ist, der wird den Entdeckungen der Neuzeit lauere Bewunderung schenken.“

Das Urteil des Plutarch über die geistige Kraft dieses Mannes, über seine Gesinnung und über seinen Eifer als Forscher ist für uns von allerhöchster Bedeutung. Er sagt:[1]

„Solchen Stolz und solche Hoheit des Geistes und solchen Reichtum an Wissen besaß Archimedes, dass er grade über die Dinge, durch welche er sich den Namen und Ruhm nicht eines menschlichen, sondern beinahe eines göttlichen Verstandes erworben hatte, nichts Schriftliches hinterlassen wollte, weil er die Beschäftigung mit der Mechanik und überhaupt jeder Kunst, die sich mit den praktischen Bedürfnissen befasst, für unedel und niedrig hielt. Mit Vorliebe beschäftigte er sich allein mit solchen Gegenständen, die, ganz abgesehen von ihrer Notwendigkeit, schön und vortrefflich sind. Es ist nicht möglich, in der Geometrie schwierigere und tiefsinnigere Aufgaben einfacher und klarer gelöst zu finden. Und dies schreiben Einige dem angeborenen Genie des Mannes zu, Andere dagegen sind der Meinung, dass durch seinen außerordentlichen Fleiß jedes Einzelne den Anschein von leicht und mühelos Gefertigtem erhalten habe. Denn während man durch eigenes Nachdenken einen Beweis nicht findet, entsteht zugleich mit dem Erlernen die Einbildung, dass man ihn doch auch selbst hätte finden können; auf einem so leichten und schnellen Wege führt Archimedes zu dem, was er beweisen will.

Man hat daher auch nicht Ursache, dem keinen Glauben zu schenken, was von ihm erzählt wird, dass er nämlich, wie immer, von einer befreundeten und vertrauten Sirene bezaubert, Essen und Trinken vergaß und die Pflege seines Körpers vernachlässigte. Oft nötigte man ihn mit Gewalt zum Salben und Baden; aber auch dann bemalte er die Hände mit geometrischen Figuren und zog auf dem gesalbten Leibe mit dem Striegel Linien, von großem Vergnügen überwältigt und wirklich von den Musen in Verzückung versetzt."

Leider wissen wir sowohl von seinem Leben nur Unzureichendes als auch von der augenscheinlichen Fülle seiner Arbeiten. Die Nachrichten, welche uns darüber von anderen Schriftstellern aufbewahrt wurden, lassen nur um so schmerzlicher die schweren Verluste beklagen. Wie des Archimedes Erfindungsgeist die meisten Teile der Mathesis mit wichtigen Entdeckungen bereicherte, so auch die Mechanik. Allein von allen seinen Arbeiten sind uns seine Schriften über die Kugel und den Zylinder, über die Ausmessung des Kreises, über Sandberechnung, über die Spirale, über Conoïde und Sphäroïde, vom Gleichgewicht und über das Zentrum gravitatis, über die Quadratur der Parabeln bekannt. Und auch diese haben wir nur aus der Rezension des Isodorus und seines Schülers Eutocius erhalten, welcher letztere einen wertvollen Kommentar dazu gab. In manchen Schriften des Mittelalters klingt es freilich, als ob noch andere Schriften des Archimedes vorhanden waren, — allein für uns scheinen sie verloren! — Aber was noch viel beklagenswerter war, mit Archimedes' Tode waren auch seine Gesetze und Lehren schnell vergessen. Man wusste wohl noch, wie sie lauteten, — aber kannte die Beweisführung dafür nicht mehr, und eine kurze Zeit nachher war wieder alle Naturforschung auf die Aristotelische Methode zurückgekommen. „Archimedes hatte die intellektuelle Welt aus ihrer Ruhe aufgeweckt, aber sie fiel gleich wieder in ihre frühere passive Ruhe zurück, und die Wissenschaft der Mechanik blieb dort stehen, wo man sie hingestellt hatte."

Unter den späteren Naturforschern ragt noch Ptolemäus hervor, soweit wir ihn aus den Überbleibseln seiner Schriften kennen, und vor ihm war Hipparchus für die Astronomie von hervorragender Bedeutung. Von den Arbeiten dieser bedeutenden Männer blieb nur spärliche Kunde. —

Die Methode des Mittelalters, die Natur zu betrachten, wandte sich mit vollen Segeln der Aristotelischen Weise zu, und der Einfluss des Archimedes war erloschen. Schon die Gelehrten, die noch wesentlich im klassischen Altertum fußten, wie Pappus, einer der besten Mathematiker der alexandrinischen Schule (400 v. Chr.), hatten keine Kenntnis mehr von den klaren Lehren des Archimedes, und jene kommentatorische und kritische Arbeit des Isodorus und Eutocius über die archimedischen Schriften ward ignoriert und erst nach Jahrhunderten wieder hervorgeholt, ja neu aufgefunden. Die Lehre des Aristoteles aber ward überall, ohne Kritik fast, akzeptiert, sie ward ein effektives Glaubensbekenntnis, dem selbst die Araber ihre Anhänglichkeit schenkten, und von der das christliche Mittelalter entzückt war und dem es blind angehörte — freilich mit dem öfters wiederholten Bedauern, dass „Herr Aristoteles leider ein Heide gewesen!" Dass in den mechanischen Dingen eine solche absolute Dunkelheit und Verwirrung herabgesunken war und diese schwer und dauernd auf den Geistern des Mittelalters ruhte, — hatte die Folge, dass im Mittelalter ein Fortschritt in Anwendung der Mechanik und überhaupt der Naturgesetze sehr wenig bemerkbar wurde. Die damaligen Verbesserungen an Handwerksgerät und Hausmaschinen waren Kinder der Zufälligkeit, nicht des begründeten Handelns. —

In dieser Dunkelheit erschien dann 1214–1293 ein hellerer Geist, ein jedenfalls merkwürdiger Mann, mit Begriffen und Ansichten, die sich aus der lahmen Denkweise seiner Zeit kräftig abhoben. Er beobachtete schärfer, als es in seiner Zeit Gebrauch war, er machte sich mehr frei von den Banden aristotelischer Weisheit als einer seiner Zeitgenossen oder Gelehrten vor ihm, er predigte die Wichtigkeit des Experimentes und blickte auf die Kenntnis seiner Zeit herab wie auf die Kindheit der Wissenschaft, wie Whewell richtig bemerkt. Aus den arabischen Schriftstellern, wie man oft behauptet, konnte dieser Mann, Roger Bacon, nicht schöpfen, sie waren ebenfalls den aristotelischen Lehren ergeben, und er erhebt sich so weit darüber hinaus! Alleinstehend in seiner Zeit bezeichnet uns Roger Bacon doch eine erste Regung des gebildeten Geistes zu selbstständigen Gedanken und selbsttätigem Schaffen, und er beginnt eigentlich die Kette der Philosophen, die es versuchten, die Banden der hergebrachten Anschauungsweise zu zerbrechen. Der Beginn eines Erwachens der Wissenschaften, die an die Natur sich anschließen, wird durch ihn eröffnet. Nach der allgemeinen Annahme ersteht mit Galilei dann die Naturwissenschaft aus ihrem Schlummer gänzlich 1602. Über die dazwischen liegende Periode ist wenig bekannt. Warum? Wir finden, dass der Glanz der Ideen und Gesetze des Kopernikus und des Galilei die unmittelbar vorangehende Vorbereitungszeit verdunkelte! dass die schnelle Fortentwicklung der induktiven Wissenschaften durch sie und nach ihnen vergessen machte zu untersuchen, was vorher bekannt war, wer vorher in gleicher Richtung gearbeitet hatte. Man wusste nicht, wie weit die Ideen beider Originalideen waren, und begnügte sich mit der Tatsache der Neuschöpfung der Wissenschaft. Aber jede große Zeit hat ihre vorhergehende oft langsame Vorbereitung, und sie fehlte auch dieser Periode nicht. Aus der Entwicklung der Handwerke und Künste heraus entstanden Anregungen für die wissenschaftliche Beobachtung, entstanden Erfahrungen und Fakta, welche unbezweifelt dastanden, aber in ihrer Entstehungsweise unerklärt geblieben waren, ihres Beweises und ihrer Begründung entbehrten.

Politische Ereignisse pflegen stets mit den Kulturentwicklungen Hand in Hand zu gehen! Und so finden wir den Schlüssel, dass Italien die Stätte der Aufklärung werden musste, jenes Land, wo in jener Periode das Individuum eine Stellung gewann, wo in vielen kleinen Republiken und Staaten die Arbeit neben dem Streben nach Erhaltung der Unabhängigkeit alles durchlebte bis in die kleinste Hütte hinein, wo Venedigs meerbeherrschende Flotte den Orient zum Okzident herantrug, wo die Sehnsucht nach der Konstituierung der Macht in der Blüte der Handwerke und Künste gestillt ward und kein Mittel unversucht blieb, die Industrie an gewisse Stätten zur Wahrung ihrer Macht zu bannen, — wo Kriege von dem Einen unternommen wurden, um lediglich Industrien dem Andern zu entreißen und sich zuzueignen, — wo die Erfindungen Nationaleigentum und so hoch geschätzt wurden, dass deren Verrat gleichsam als ein Verrat am Vaterland sogar mit dem Tode bestraft wurde! Solche Ansichten, solche Maßnahmen durchzogen jene Zeit; Hand in Hand mit den politischen Ereignissen gingen die industriellen Ereignisse. Roger II. von Sizilien wollte seinem Lande die Seidenzucht und die Seidenweberei schaffen, weil er sah, dass beides den griechischen Landen Reichtum brachte — und er überzog Griechenland mit Krieg und führte im Siege alles mit hinweg, was zur Gründung der Seidenindustrie in Palermo notwendig war. Als Lucca im Besitz des Seidenbaues und der Seidenmanufaktur war, schloss es sich eng ab und gab so durch Macht und Reichtum, aus dieser Quelle entsprossen, Anlass zum Neide der Nachbarn, dem dann die Zerstörung der Stadt durch Übermacht folgte. Bologna genoss fast 120 Jahre die Segnungen eine Spinnmaschine von Borghesano und gewann Macht und Marmorpaläste, bis das Geheimnis der Maschine verraten ward, und in Folge davon nach Angabe der Chronisten 30,000 Menschen brotlos wurden. Dieses Beispiel zumal zeigt uns den gewichtigen und merkwürdigen Einfluss bedeutender Erfindungen und die eigentümliche Stellung der Handwerksfortschritte in der Kleinstaaterei Italiens. In ganz ähnlicher Weise konnten sich die Glasmacher auf Murano in Venedig von aller Welt isolieren und ihre Kunst geheimhalten zu eigenem Vorteil In gleicher Stellung wurde das florentinische Tuchbereitungsgewerbe als Unikum erhalten etc.

Alle diese Tatsachen aber weisen auf eine Vorbereitungszeit hin, — über welche wir wenig bisher wissen. Es muss in jener Zeit hervorragende Erfinder und Verbesserer für die Handwerke gegeben haben, und zwar reichlicher, als die wenigen Namen andeuten, die uns bisher bekannt wurden. Aus der Entwicklung der Industrie aber mussten notwendig neben dem Reichtum und der Macht zahlreiche Anregungen hervorgehen, zu Studien, zur Erforschung der Naturkräfte, die in den zur Industrie benutzten Mitteln sichtbar oder unsichtbar sich konstatierten. Eine Geschichte der Technologie kann nicht geschrieben werden ohne eingehendste Durchforschung der Quellen, welche über diese Vorbereitungsperiode berichten, ebenso wenig eine Geschichte der induktiven Wissenschaften. Was sagt Whewell in seiner Geschichte der induktiven Wissenschaften über die Vorperiode der Galilei'schen Zeit? „Der Scharfsinn des großen Mannes (Archimedes) war nahe daran, die so tief verborgene Wahrheit (der Statik) zu entdecken, aber der dichte Nebel, den er auf einen Augenblick durchbrach, schloss sich sofort hinter seinen Schritten, und die alte Finsternis und Verwirrung lagerte sich wieder auf das ganze Land. Und diese dunkle Nacht währte beinahe volle zwei Jahrtausende bis auf die Epoche Galilei's, namentlich bis zur ersten Ausbreitung der Kopernikanischen Entdeckung."

Whewell hat wohl den Fortschritten der astronomischen Entwicklung manche wertvolle Leistung aus der Periode vom 13., 14. und 15. Jahrhundert anzureihen, — aber in der Entwicklung der mechanischen Gesetze kann er uns zwischen Archimedes

Abb. 2: Hubschraubermodell, Deutsches Museum Bonn.

und Galilei wenige aufführen, die von einiger Bedeutung waren, und auch diese, wie Cardanus, Ubaldi, Benedetti, Varro gehörten schon dem 16. Jahrhundert an. Er gesteht auch einfach ein, dass er diese Zeit nicht kannte, da sie bis dahin undurchforscht geblieben! Er sagt zum Schluss des Abschnittes, nachdem er gezeigt, wie Benedetti 1551 in einer Begründung über den Steinwurf mit hervorragender Klarheit den Begriff der akzellerierenden Bewegung (die selbst Galilei erst später sich zu eigen machte) darlegte: „Obschon Benedetti solchergestalt auf dem Wege war, das erste Gesetz der Bewegung, das Gesetz der Trägheit, zu entdecken, nach welchem alle Bewegung geradlinig und gleichförmig ist, so lange sie nicht durch äußere Kräfte verändert wird, — so konnte doch dieses Prinzip nicht eher allgemein aufgefasst, noch gehörig bewiesen werden, bis auch das andere Gesetz, durch welches die eigentliche Wirkung der Kräfte bestimmt wird, in Betrachtung gezogen wurde. Wenn also auch eine unvollkommene Appreziation dieses Prinzips der Entdeckung der Bewegungsgesetze vorausgegangen war, so muss doch die wahre Aufstellung desselben erst in die Periode, wo alle diese Gesetze selbst entdeckt wurden, das heißt, in die Periode des Galilei und seines ersten Nachfolgers gesetzt werden." Als Whewell dieses harte Dogma ausgesprochen und niedergeschrieben hatte, da fiel ihm ein Buch in die Hand, welches von einigen Lehren aus Leonardo da Vinci's Manuskripten berichtete. Der erstaunte Geschichtsschreiber las und sah, wie in Leonardos Lehren vieles bisher Vermisste und Unaufgeklärte deutlich enthalten war — und das Wenige, was ihm hiervon vorlag, reichte schon hin, Whewell zu bewegen, folgenden Nachsatz zu machen, nachdem er anerkannt, dass Galilei's Ansichten und Lehren an vielen Orten mit denen des Leonardo viel Ähnlichkeit haben, und nachdem er gezeigt hatte, dass Leonardo dem Galilei in Anspruch einer Reihe von wichtigen mechanischen Gesetzen zuvorkam, —: „Die allgemeine Betrachtung, zu der diese Bemerkungen Anlass geben, ist wohl die, dass die ersten wahren Ansichten von der Bewegung der Himmelskörper um die Sonne und von der Bewegung überhaupt seit dem Anfang des 16. Jahrhunderts in den bessern Köpfen sich zu regen und zu fermentieren begannen, und dass sie allmählich Klarheit und Festigkeit schon etwas vor jener Zeit angenommen haben, wo sie öffentlich aufgestellt sind!" Die Tatsache, welche dem Whewell entgegentrat, dass Leonardo volle hundert Jahr früher als Galilei bereits klare Ansichten über die Anwendung der Hebelgesetze, über die schiefe Ebene, über die Zeit des freien Falls etc. hatte, imponierte, wie wir sehen, dem geistreichen Geschichtsschreiber, aber seine Zeit bot ihm noch keine Hilfsmittel, um seinen ersten Ausspruch sehr wesentlich zu modifizieren, — er kannte ja selbst Leonardos Leistungen nur unvollständig und unklar. Seitdem ist hier und da ein neuer Beleg aufgetaucht für die Notwendigkeit der näheren Durchforschung der wissenschaftlichen Geschichtsquellen, um jene Zeit aufzuhellen. — Weshalb, diese Frage stößt uns auf, wissen wir so wenig aus jener Zeit? —

Schon oben führten wir aus, wie die Industrien der Staaten sich abschlossen! Ebenso eifersüchtig war man anfangs in wissenschaftlichen Dingen, — man denke doch nur an die Disputationen und Kothwerfereien zwischen den italienischen Universitäten des Mittelalters, die über die einfachsten, sowie über die absurdesten Dinge mit gleicher Heftigkeit geführt wurden, — ohne irgend einen Kern von Geist und Wissenschaft! Man denke an den religiösen Einfluss, der jede freie Meinungsäußerung, die von kanonisierten Vorschriften abwich, verfluchte und vernichtete. Die eigentliche Scholastik und der Nominalismus haben naturwissenschaftliche Forschungen nicht verhindert, — wohl aber tat es der Verfall der scholastischen Philosophie im 15. Jahrhundert, während welcher Zeit „der Dogmatismus unterging und der Skeptizismus sein Haupt erhob." Wenn man über Fragen eifrig debattierte, wie die, „welches Kleid der Engel angehabt, der der heiligen Jungfrau die Meldung des Himmels brachte?" und andere, wie sie die Quaestiones Quodlibeticae enthielten, — dann muss man von vornherein annehmen, dass ernste Arbeiten ohne Berücksichtigung blieben und keine Öffentlichkeit erlangten. Alles hatte sich gleichsam in jener Periode dem Bekanntwerden besserer und aufgeklärter Ansichten widersetzt: die Kirche, die Universität, die Staatseinrichtung, die industriellen und kommerziellen Einrichtungen und Maßnahmen. — Wie sehr die Publikationen vergessen wurden, davon zeugt die gänzliche Vergessenheit und Unbekanntschaft der Manuskripte Leonardos schon zu seiner Zeit. Keiner der Schriftsteller über Mechanik, Mathematik, Metallurgie, Handwerke u. s. w. im 16. Jahrhundert nennt seinen Namen. Vannuccio Biringoccio, der in seinem Handbuch der Metallurgie nur frühere Werke exzerpierte (1540), zitiert ihn nicht, ebenso die ganze Schar späterer Schriftsteller, trotzdem Leonardo da Vinci der Metallurgie nahe stand. Ebenso kennen ihn die Autoren über Mechanik nicht u. s. w. Einzig bekannt und anerkannt waren seine Schriften zur Hydraulik, die zu seinen Lebzeiten bereits in die Öffentlichkeit drangen. Solche Fälle sind nicht selten gewesen; sie kehrten oftmals wieder und sind teils begründet in den politischen Ereignissen, — mehr noch hängen sie davon ab, in wessen Hände nachgelassene Manuskripte übergehen! und hierin liegt, wie wir noch ausführlicher mitteilen werden, der Grund für die Einflusslosigkeit der Aufzeichnungen des Leonardo, die wir tief beklagen müssen nach jeder Richtung hin. —

Wenn wir oben bemüht waren zu zeigen, welche Notwendigkeit vorherrscht, für die Klarlegung der Geschichte der induktiven Wissenschaft und auch speziell der Geschichte der Technik ein Geschichtsstudium zu fordern, welches sich auf die vor-Galilei'sche Periode bezieht, um zu einer richtigen Würdigung der Galilei'schen Epoche selbst zu gelangen und die Geschichtsfakta organisch zu regeln und richtig zu benutzen, um die Größe und den Wert der Fortschritte der Neuzeit zu ermessen, so haben wir damit gleichsam ein Motiv beigebracht für unsere nachstehenden Studien über Leonardo da Vinci, als den hervorragendsten Vorgänger Galilei's und besonders auch als den Schriftsteller, der über die Ansichten und Kenntnisse seiner Zeit Licht verbreitet.

[1] *Plutarchi vit. parall.: Marcellus.*

II.

Wir wollen zunächst über Leonardo da Vinci's Leben und Wirken im allgemeinen das Notwendige beibringen. Die Lebensumstände sind von Wichtigkeit auf sein Schaffen und Denken gewesen.

Leonardo war der natürliche Sohn des Ser Piero da Vinci, Notarius der Signoria von Florenz, und zwar von Catarina, später verheiratete Accattabriga di Piero del Vacca di Vinci, und ward geboren 1452 auf dem Castell Vinci. Piero da Vinci war später noch vier mal verheiratet und hatte außer dem Leonardo elf Kinder. Von diesem rührte die zahlreiche Familie der da Vinci her, die sich in einer von dem Bruder Domenico und seinem Enkel Piero entstandenen Linie bis auf den heutigen Tag erhalten hat und heute sechs Brüder zählt, deren ältester den Na-

men Leonardo trägt, geboren 1845. Die Familienverhältnisse Leonardos sind Gegenstand der eingehendsten Untersuchungen und Nachforschungen gewesen. Wir erwähnen das neueste Werk hierüber: Ricerche intorno a Leonardo da Vinci von Gustavo Uzielli (1872). —

Leonardo zeigte früh schon große Neigung zur Kunst und Liebe zur Natur, während er im Vaterhaus mit seinen legitimen Brüdern erzogen wurde. Der Vater Piero erkannte das noch schlummernde Talent seines Sohnes und brachte ihn zu dem Maler und Skulptor Verrochio. Dieser Maler hatte sich weniger durch seine Werke, als durch die treffliche Art der Heranbildung von Schülern ausgezeichnet und einen Namen gemacht. Der Einfluss dieses Mannes ward bedeutsam und entscheidend für Leonardo, denn der Lehrer unterrichtete seine Schüler in allen freien Künsten, zu welchen damals Weberei, Metallguss und Metallarbeit, Goldschmiedekunst vorzüglich gerechnet wurden, — speziell sodann in der Malerei und Bildhauerkunst.

Leonardo lernte malen, modellieren, die Arbeit des Goldschmieds und des Webers, und eine seiner frühesten trefflichen Arbeiten war jener Adam und Eva-Karton zu einem in Gold und Seide zu wirkenden Vorhang für den portugiesischen König, der die erste Anregung zu Raphaels Adam und Eva im Vatikan gegeben haben soll.

Die industrielle Lage von Florenz war zu jener Zeit eine äußerst entwickelte. Man studiere nur die Werke des Balducci Pegolotti, pratica della mercatura und eine gleiche Schrift von Giovanni di Antonio da Uzzano, ferner die Werke über die Florentinische Handelsgeschichte, welche in Lucca erschienen, und Canestrini's Abhandlung über den Handel zwischen Florenz und Portugal, und man wird ein höchst interessantes Bild über die emporgeblühte Industrie von Florenz gewinnen! Das Fabrikwesen stand in Florenz obenan, und der gesamte Handel dieser Stadt bestand in Handel mit einheimischen Industrieprodukten.

Trotzdem die Kämpfe der Guelfen und Ghibellinen das Gemeinwesen von Florenz unterwühlten, erhielt sich die Kraft des Mittelstandes. Kunstfleiß, Großhandel und Geldverkehr nahmen stetig zu. Als Florenz den Hafen Livorno von den Genuesen erkauft hatte, begann die industrielle Blüte in großartigen Dimensionen sich zu entfalten. Florenz handelte mit allen Küsten des Mittelmeeres. Da die florentinischen Manufakturen sich einen hohen Ruf erworben hatten, wurde ihnen das vorzüglichste Rohmaterial zugeführt, Wolle von Spanien, Frankreich, England. Florentinische Tuchweberei übertraf die aller anderen Staaten, — die Scharlachfärberei war eine originale und geheimgehaltene Kunst des Staates, und die Appretur der Tuche in Florenz war so berühmt, dass die Niederländer, Franzosen, Engländer und Spanier große Quantitäten Rohtuche nach Florenz brachten, um sie dort appretieren zu lassen. Gegen Ende des 15. Jahrhunderts war auch die Kunst der Seidenweberei, der Gold- und Silberbrokate dort entwickelt. Als die Medici die Gewalt erlangten und Cosmus, der erste Bürger von Florenz mit Capponi vereint das Gemeinwesen leitete, begann das mediceische Zeitalter für Florenz (und die Welt), so dass für Kunst und Gewerbefleiß die Zeiten des Perikles zurückgekehrt zu sein schienen.

Um diese Zeit trat Leonardo in das rastlose Treiben und Schaffen von Florenz ein. Er sah die herrlichen Bauten, er sah das Auf- und Abwogen des Handels, er trat in die Fabriken und sah das Bestreben, die Menschenhand zu ersetzen; — alles das musste auf den regen Geist des jungen Mannes einen tiefen Eindruck machen, sein Sinnen und Denken fördern und Ideen reifen lassen. Wie bedeutend auch seine Fortschritte gewesen sein müssen in der Malerei, lehrt uns jene Mitteilung, dass Leonardo in einem Bilde seines Meisters für das Kloster Valombroso einen Engel so trefflich gemalt hatte, dass dieser erstaunt Palette und Pinsel hinlegte, um sie nicht wieder zu ergreifen (was er in der Tat nur noch einmal später tat). Es wird auch mitgeteilt, dass Leonardo eifrig die mathematische Wissenschaft in Florenz pflegte, und wir haben keinen Grund, daran zu zweifeln, denn Leonardo war ja der Renovator der wahren Kunst, die alle Schönheit der Natur in richtigen Verhältnissen wiederzugeben strebte. Sein Gemüt ließ ihn dabei an allen Naturkindern Gefallen finden; er liebte die Pferde und die Vögel. Außerordentlich weit aber brachte er es in der Musik, und sie wurde der erste Anlass, ihn von Florenz fortzuziehen.

Inzwischen hatte sich sein Ruf weit verbreitet, und eine Schar von wissbegierigen Schülern umgab ihn, unter ihnen Francesco Melzi, Cesare da Cesto, Bernardino Lovino, Luini Andrea Salaïno, Marc d'Ogionno, Sandenzio Ferrari, Giov. Antonio Boltraffio, Lorenzo Lotto, Andrea Solaris, Gobbo, Bernazano und andere. Der Herzog Ludwig Maria Sforza (il Moro) berief den Leonardo nach Mailand als ersten Violinisten, nachdem Leonardo in einem musikalischen Wettkampf den Sieg errungen hatte, — keineswegs ohne dabei den größten Maler Italiens zu der Zeit und den inventiven Kopf zu meinen und zu suchen.[2] Leonardo fand in Mailand einen hervorragenden Wirkungskreis. Er begründete dort eine Akademie der Wissenschaften und formte den „gothischen Hof des Herzogs in einen athenischen" um, wie Houssaye[3] sich ausdrückt. Aus jener Zeit stammt der merkwürdige Brief des Leonardo, aus welchem wir den Kreis seiner Beschäftigungen und seines damaligen Denkens, als Kriegsingenieur, als Architekt, Maler und Skulpteur des Herzogs ermessen können. Wir fügen diesen Brief an geeigneter Stelle ein. 1483 begann Leonardo die Statue Francesco Sforza's zu modellieren, und 1484 schrieb er seinen Traktat von der Malerei und verschiedene Studien. „Am 23. April 1490, schreibt er selbst, habe ich dies Buch begonnen (Traktat von Licht und Schatten) und das Pferd von neuem angefangen." Leonardos Tätigkeit in dem gewerb- und kunstreichen Mailand war geteilt zwischen der Pflege der Malerei, Architektur, Kriegswissenschaft und des Gewerbefleißes, der Organisation und Ausbildung der Akademie, unter welcher wir eine erste Pflegestätte der Wissenschaft freier und schöner Künste uns vorzustellen haben. Nicht mit Unrecht wird in dieser Beziehung angenommen, dass eine große Anzahl seiner handschriftlich nachgelassenen wissenschaftlichen Betrachtungen dazu bestimmt waren, den Vorträgen in der Akademie zu Grunde gelegt zu werden. — Nicht gering waren die Ansprüche des Hofes an Leonardo. Der Herzog, im Besitz eines von seinem Vater, dem Helden Francesco Sforza, begründeten mächtigen Thrones, liebte die großartige Hofhaltung. Roh und gemein von Charakter, liebte er doch die Künste und Arbeiten zur Hebung des Landes, vielleicht nur aus Ehrsucht, nebenbei war er allen Lastern ergeben. Leonardo war gleichsam der Intendant der Hoffestlichkeiten und leistete nach dem Zeugnis der Zeitgenossen Niedagewesenes und errang sich den Titel „Famosissimo" in dieser Beziehung. Zumal bei der Hochzeit des Herzogs mit Beatrix von Este und später bei der Vermählung des Kaisers Maximilian mit Bianca Maria Sforza entwickelte Leonardo ein bedeutendes Talent für solche Schaustellungen. Bei letzter Gelegenheit hatte Leonardo sein von seinen Zeitgenossen, Künstlern, Poeten und Laien gleichstimmig verherrlichtes Modell zu dem Denkmal des Francesco Sforza ausgestellt, und ganz Italien schallte von

Abb. 3: Fahrradmodell im DaVinci-Museum, Italien

Abb. 4: Leonardos Entwurf eines Fahrrads mit Tretkurbel und Kettenantrieb

Bewunderung und Ruhmespreisen des Leonardo wieder, so dass uns darnach allein schon der Verlust dieses kolossalen und wunderbaren Denkmals unersetzlich und überaus beklagenswert erscheinen muss Aus Mangel an Geld wurde der Guss in Erz verschoben; endlich zerstörten gascognische Krieger das Modell.

In diese Periode des Aufenthalts am Mailänder Hofe fallen trotz der vielseitigen Inanspruchnahmen Leonardos, wie oben skizziert, eine Reihe von Arbeiten, die den verschiedensten Gebieten angehörend, überall das hohe Genie des Mannes kennzeichnen. Vor allen nennen wir das berühmteste Gemälde „das Abendmahl" im Speisezimmer der Dominikaner St. Maria delle Grazie. Diese Perle der Malerei ward von seinen Schülern und Zeitgenossen eifrig studiert und nachgeahmt, so dass wir heute nicht weniger als fünfzehn bedeutende Kopien desselben, meistens von seinen unmittelbaren Schülern herrührend, besitzen und außerdem von Andreas Milano dreizehn Statuen nach dem Gemälde, welche 1529 beendigt und in der Kirche zu Savona aufgestellt wurden; später gab Rubens den ersten trefflichen Kupferstich davon, darauf Raphael Morghen. Ferner stammen aus dieser Periode noch eine Reihe von Gemälden, von denen leider viele verloren gegangen sind. Bei dem Dombau war Leonardo hervorragend beschäftigt; er modellierte die kleinen Aufsatztürme und anderes. Für Beatrix baute er ein schönes Bad. Seinem Einfluss gelang es, die Spätgotik aus dem Baustil in Mailand zu verdrängen und römische und griechische Architektur dafür einzubürgern. In diese Zeit fällt ferner sein Versuch, Figuren in Holz zu stechen und zum Druck zu verwenden. Es sind uns mehrere Proben hiervon erhalten; ferner eine Methode des Selbstdrucks von Pflanzenblättern. 1494 reiste er nach Pavia ab zum Anatomen Marco Antonio della Torre und trieb hier in eingehendster Weise Anatomie, die er für höchst wichtig für die Malerei hielt. Kurze Zeit darauf überreichte er dem Herzog eine Schrift: „Was ist vorzüglicher, Malerei oder Skulptur?", welche leider verloren gegangen ist, deren Inhalt jedoch in seinem Traktat über die Malerei gewiss wiedergegeben ist. Unter seinem Einfluss schrieb sein Intimus Lucca Paciola sein berühmtes Buch „de divina proportione", zu welchem Leonardo die Figuren zeichnete und dessen Inhalt von allen Biographen für Leonardos Geisteswerk gehalten wird. — Um 1497 beschäftigte den Leonardo die Schiffbarmachung des Kanals von Martesana, ein bedeutendes gigantisches Werk, welches in der Folge viel zum Reichtum der Stadt beitrug. Ebenso einflussreich für die Fruchtbarkeit des Landes war die Kanalisation des Ticino, welche ein regelrechtes, bis jetzt erhaltenes System der Berieselung der vordem spärlich angebauten Felder ermöglichte und für die Lombardei überhaupt ein Segen geworden ist, durch die Nachahmung dieses ersten Werkes. Diese Periode führte ihn zu dem intensiven Studium der Physik und Mathematik. — Bis 1497 hatte Leonardo einfach und sogar ärmlich gelebt; da schenkte ihm der Herzog, endlich erkenntlich, einen Weinberg. Interessant ist Leonardos Aufzeichnung seiner Arbeiten im Jahre 1497. Unter einer Reihe von Gemälden, Zeichnungen, Portraits, finden wir Zeichnungen von Öfen, Geräten für Schifffahrt, Maschinen der Hydraulik, anatomische Studien etc. Mit Recht sagt Arsène Houssaye von diesem Lebensjahr:

„Belle et suprême période de sa vie. Une statue équestre, une fresque monumentale, les meilleurs chapitres du Traité de la peinture, un canal commencé, un fleuve ouvert à la navigation, sans qu'un seul jour le maître abandonnât son académie."

Im Jahre 1499 trennte sich Leonardo von Mailand. Der Krieg hat jene langjährige Häuslichkeit und folgenreiche Idylle zerstört, die teilweise Leonardo selbst geschaffen, denn der Herzog war besiegt und gefangen in den Händen des Königs Ludwig XII. von Frankreich, wo er im Schloss Loches 1510 starb. Mailand war erobert, und die Ältesten der Stadt ersuchten Leonardo, zum Empfange Ludwigs XII. eine überraschende Szenerie zu erfinden. Er machte den Automaten-Löwen. Er zog sich dann auf seinen Landsitz Vaverolo zurück und lebte ganz wissenschaftlichen Studien. Allein seine Feinde konspirierten gegen ihn, seine Werke wurden bespottet, seine Schriften als die eines Häretikers bekrittelt, — genug, der Undank seiner Mitbürger trieb ihn fort. Er wandte sich nach Florenz, begleitet von seinen Schülern und Freunden Paccioli und Salaï. Er fragte bei seinem Freunde Melzi vor, und diese Freundesfamilie überließ ihm die Villa Vaprio zum Sitz. Freilich fand Leonardo die Lebensverhältnisse und mehr noch die Kunstverhältnisse in Florenz verändert, allein er wusste sich schnell hineinzufinden. Er fesselte die Freunde der Kunst und Musik an sich, und die nächsten Pinselstriche öffneten ihm die Häuser der Patrizier, aus denen er die schönen Portraits Ginevra de' Benci und Mona Lisa del Giocundo herausgriff. (Man weiß, dass Franz I. für letzteres Portrait 45,000 Frcs. (in seiner Zeit!) zahlte.) 1502 trat Leonardo als Ingenieur in den Dienst des Cesar Borgia, um als „Ingegnere Generale" alle Befestigungswerke des Herzogs zu besichtigen, zu verbessern und neue zu errichten, ferner Kriegsmaschinen zu bauen. Die erste Zeit dieses Amtes verging mit Reisen, und später hielt sich Leonardo in Siena, Rimini, Cesena auf und entwarf eine Menge Zeichnungen für Maschinen des Friedens und des Krieges. In Siena traf ihn das Dekret der Florentiner, welches ihn beauftragte, die Wände der Signoria mit Gemälden zu bedecken. Mit ihm zugleich war Michel Angelo aufgefordert. Beide fertigten ihre Kartons, — beide Entwürfe, unter sich ungemein verschieden, waren Meisterwerke! Kein Urteil ward gefällt.

Durch die Bitten des Georges d'Amboise von Mailand und die Aufforderung des Königs Ludwig XII. ließ sich Leonardo bewegen, nach Mailand zurückzukehren. Hier beschäftigte ihn der Martesanakanal und das kolossale Bassin St. Christophe von neuem und besonders auch die Ergänzung der Wassermassen, welche Behufs der Berieselung den Flüssen entnommen wurden, durch Quellenbohrung, wie sie heute noch, in der Ebene von Lodi-Giano besonders, existiert Nochmals von der Florentinischen Signoria zur Ausführung seines Entwurfs zurückberufen, reklamierte ihn Ludwig XII. und ernannte ihn zum Maler des Königs von Frankreich. Von 1507–1511 dauerte eine schöne ruhige Periode seines Lebens in Mailand unter lieben Freunden und in einer ruhigen beschaulichen Lebensweise voll Streben und Arbeit. Da starb Georges d'Amboise, und nach dem Blutbad von Brescia schwang sich der Neffe des Moro, Maximilian Sforza, auf den Thron von Mailand. Allein diese neue Herrschaft dauerte nicht lange. Leonardo, überdrüssig der Unruhe, verließ mit seinen Freunden Giovanni, Francesco Melzi, Salaï, Lorenzo und Fanfoja am 24. September 1514 Mailand und eilte nach Rom. Hier blühte ihm trotz der anfänglichen Freundlichkeit des Papstes Julius keine Zufriedenheit; — statt zu malen, beschäftigte er sich mit Luftschifffahrt und dem Fliegen.

Bald kamen Missstimmungen zwischen Michel Angelo und Leonardo zu Tage. Leo X. war allen Franzosenfreunden nicht gut gesinnt, und als solcher galt Leonardo, und so sah Leonardo es als das ratsamste an, nach Mailand zurückzukehren. Es kam die Schlacht von Marignan, die Freundschaft Franz' I. für Leonardo, die in Verehrung Ausdruck fand, und so folgte Leonardo der Einladung des Königs, zog nach Frankreich und langte 1517 in Amboise an, wo er mit seinen Freunden Melzi, Salaï und Villanis ruhig lebte, bedient von seiner alten Dienerin Mathurine und bestrebt, dem Lande zu nützen. Er reiste umher, fand bald manche natürliche Vorteile heraus, entwarf das Projekt des Kanals von Romorantin, von welchem alle Dessins aufbewahrt sind, und der den Zweck hatte, das Land zu berieseln und fruchtbar zu machen; er entwarf die Details dazu und konstruierte neue Schleusentore; dort bereicherte er wohl auch seine Manuskripte mit seinen Erfahrungen und Ideen, obwohl einige Biographen behaupten, dass er in Frankreich nichts mehr geschrieben habe und nichts mehr gemalt habe. — Der Tod nahm 1519 am 2. Mai diesen großen Maler und Menschen Leonardo da Vinci von der Erde fort. Leonardo ward in der Kirche St. Florentin in Amboise begraben. Sein Grabmal, längere Zeit verschollen, ward 1863 wieder aufgefunden, und Napoleon III. setzte dem großen Manne ein Denkmal. 1871 hat man auch in Mailand dem Leonardo ein würdiges Denkmal gesetzt.

---

[2] So erzählt Vasari: Campori glaubt mit Rio, dass Leonardo nach Mailand gerufen wurde zur Ausführung der Statue Francesco Sforza's.

[3] Houssaye, Histoire de Leonard da Vinci p. 56.

III.

Wir haben vorstehend nicht ein Register der Werke des Leonardo gegeben, wie es uns überhaupt nur daran lag, die wichtigen Lebensumstände des großen Mannes zu skizzieren Der Charakter des Leonardo ist öfter verschieden beurteilt Es hat ihm ein Teil seiner Zeitgenossen die Schmeichelei gegen Fürsten vorgeworfen. Allein mit dieser Behauptung stimmt doch die allgemeine Schilderung seines Wesens nicht, und aus allen seinen Werken atmet uns ein ganz anderer Geist entgegen als der eines um Fürstengunst Buhlenden. Leonardo hatte ein offenes Auge für die Schönheiten der Natur und Kunst; sein ganzer Geist war überaus harmonisch angelegt und von einer Herzensgüte und einem Wohlwollen gegen die Menschheit erfüllt, wie es selten vereint getroffen wird mit soviel Talent und Vielseitigkeit.

16

Seine Kenntnisse und seine Ideen verwandte er zum Besten der Menschen, und sein Haus und Rat stand Jedermann offen. Leuchtet uns schon aus der grandiosen Arbeit des Tessinkanals ein für das Wohl seiner Vaterlandgenossen bedachter Geist entgegen, — so gibt sich derselbe noch mehr kund in der großen Wirksamkeit zu Mailand.

Leonardo wirkte hier in Mailand nach allen Richtungen hin. Als Musiker, als Maler und als Skulpteur diente er den Künsten, als Architekt verdrängte er die Verirrungen der Spätgotik durch die Wiederbelebung der griechischen und römischen Bauformen, als Ingenieur führte er das Addawasser in einem Kanal nach Mailand, zog den 200 Miglien langen Kanal durch das Veltlin und entwarf eine große Reihe Werkzeuge, Geräte und Maschinenapparate, — als Denker, Philosoph und Freund der induktiven Wissenschaften verfasste er nicht sowohl eine Reihe von wertvollen Schriften aus den Gebieten der Mechanik und Physik und Mathematik, — sondern näherte sich der freieren Denkungsweise, so dass er fast als Häretiker betrachtet ward, und fand er die Unhaltbarkeit der papistischen Lehre von der Unbeweglichkeit der Erde, — ein gewaltiger Denker, der an Gründlichkeit und Vielseitigkeit des Wissens einer der ersten Männer der aufwachsenden großen Periode der Wissenschaften in Italien genannt werden muss An Bedeutung unter den Malern der erste, der Gestaltungskraft und Formenstrenge und Naturwahrheit anstrebt und erreicht, der Gesetze für die Form der Malerei aufstellt und so für seine und die folgende Zeit der Regenerator der Kunst wird, — schafft er die trefflichsten Kunstwerke selbst, die nur ein Raphael, ein Michel Angelo später vielleicht übertroffen hat. Er formt mit kühner Hand das Reiterdenkmal Franz Sforza's, das an Größe und Schönheit alles, was die vorangehende Periode gebracht, klein, elend erscheinen ließ. — Und dabei finden wir in Leonardo einen Mann von einer Körperstärke, dass er ein Hufeisen mit den Händen zerbrechen konnte, — und von einer Bescheidenheit und Scheuheit des Geistes, von einer Unzufriedenheit mit sich selbst, dass wir ihn stets zurücktreten sehen, wo andere sich breit machten, dass er sich fürchtete, Lob über seine unsterblichen Bilder zu hören, weil er der Welteitelkeit zu verfallen glaubte, dass er, ehe er ein Werk von Bedeutung begann, erst die umfassendsten Vorstudien machte und dabei sich in den Geist der Wissenschaften tief versenkte, bis er sich stark genug glaubte, gleichsam den Kampf mit seiner Aufgabe aufzunehmen. Und

hatte er sie nun gelöst, so befriedigte ihn doch die Lösung nie, da er fühlte, dass er nun doch noch im Stande sei, sie noch vollkommener zu bewirken. Dabei erschreckte ihn das Glockengeläute, der Mönchsgesang und Kindesgeschrei; bei Gewittern flüchtete er fast kindisch unter die Decke des Bettes, — nur das Plätschern des Regens heimelte ihn an, und behaglich schaute er dem Tropfenfall zu.

Leonardo hinterließ ein Testament, demzufolge Francesco da Melzo als Belohnung für seine Freundschaft sämtliche nachgelassene Schriften des Leonardo und seine Handzeichnungen erhielt.

(Item il prefato testatore dona et concede ad messer Francesco da Melzo, gentilomo da Milano, per remuneratione de servitii ad epso grati a lui facti per il passato tutti, et chiaschaduno di libri, che il dicto testatore ha de presente et altri instrumenti et portracti circa larte sua et industria de pictori.)

An diese Schriften knüpft sich unser spezielles Interesse für Leonardo hier an, denn sie sind die Aufzeichnungen und Schriften des Ingenieurs, Architekten, Physikers, Mathematikers, Mechanikers und Anatomen Leonardo da Vinci, welche, wenn sie zu seiner Zeit gedruckt und publiziert worden wären, sicherlich einen gewaltigen Einfluss auf die Gesamtfortschritte aller Gebiete des Wissens gehabt haben würden, — deren Studium für jeden Biographen des Mannes unerlässlich ist, — und die endlich dazu angetan sind, das Dunkel zu lichten, welches über der Geschichte der induktiven Wissenschaften sowie der Praxis der Industrien seiner Zeit bisher geschwebt hat.

Wie kam es aber, dass diese bedeutenden Werke eines so berühmten Mannes unbekannt bleiben konnten? — Francesco da Melzo nahm die Manuskripte Leonardos mit sich und bewachte sie sorgsam bis an seinen Tod. Mazenta (gestorben 1635) hat uns eine Geschichte der Manuskripte aufgeschrieben. Er war für dieselben interessiert, weil er beim Festungsbau Leonardos Gesetzen folgte, ebenso bei seinen Studien über die Schiffbarmachung der Adda. Mazenta kam durch Zufall in Besitz von dreizehn Volumen der Schriften Leonardos. Dieselben waren von einem gewissen Lelio Gavardi d'Asola aus der Villa Vavero, welche Francesco Melzi samt dem Manuskript geerbt hatte, mit Erlaubnis der nach gebliebenen Söhne Melzi's nach

Abb. 5: Programmgesteuerte Trommel; Das Modell besteht aus einer Trommel, die in einer Struktur mit zwei Rädern und Stäben eingesetzt ist. Die Räder sind mit einer Welle verbunden, die über ein Getriebe zwei Trommelprogramm-Zylinder mit Stiften antreiben. Die Stifte heben die Schlegel und lassen sie wieder auf das Trommelfell niedersausen. Die Trommel kann verschiedene Rhythmen wiedergeben, die sich zyklisch wiederholen. .

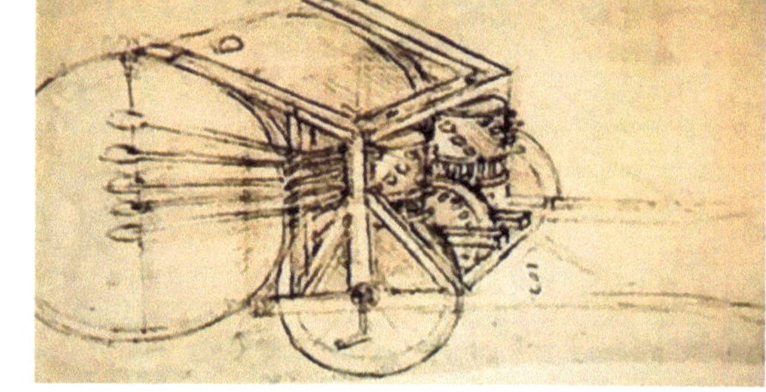

Abb. 6: Kugellagermodell, ausgestellt im Deutschen Museum Bonn.

18

Florenz gebracht, mit der Absicht, dieselben dem Großherzog Franz, Liebhaber solcher Handschriften, zum Kauf anzubieten. Im Moment, wo Gavardi in Florenz ankam, starb der Großherzog 1587. Gavardi ging nun nach Pisa zu Manucio, einem großen Liebhaber von Büchern. Allein dieser Mann scheint sich nicht besonders anständig gegen Gavardi benommen zu haben, so dass dieser es vorzog, die dreizehn Volumen dem J. A. Mazenta nach Mailand mitzugeben, mit der Bitte, diese Bände der Familie Melzi zurückzubringen. Mazenta entledigte sich dieses Auftrags, allein der Älteste der Melzi, Dr. Horatius Melzi, schenkte die dreizehn Bände dem Mazenta, indem er ihm mitteilte, dass auf dem Landhaus noch eine Menge solcher Schriften herumlägen. Da Mazenta über die Liberalität des Horaz Melzi nicht schwieg, fanden sich bald viele Amateurs bei demselben ein und wählten aus den Handschriften Einzelnes aus. Besonders unverschämt war bei dieser Gelegenheit Pompejus Aretin (Sohn des Kardinals Leoni), ein Bronzegießer und Künstler an Philipp's II. Hof im Escurial. Derselbe wollte dem König schmeicheln oder selbst ein gutes Geschäft machen und bat den Melzi überdem, dass er die dreizehn Volumen zu diesem Zwecke wieder herbeischaffe. Melzi nun, sehr überrascht und einen hohen Wert in dem Verschenkten ahnend, bat kniefällig den Bruder des Mazenta um Herausgabe der Volumen. Dieser gab sieben zurück, während die Familie Mazenta später, 1603, von den anderen ein Volumen dem Kardinal Borromeo für die Ambrosianische Bibliothek schenkte, ein Volumen an Ambroise Figini, einen berühmten Maler seiner Zeit, von dem es Hercules Bianchi erbte. Ein drittes Volumen gab Mazenta auf vieles Drängen an den Herzog von Savoyen ab, und als der Bruder des Mazenta 1617 starb, wusste Aretin die übrigen drei Volumen in seinen Besitz zu bringen. Aretin formte aus einer Reihe von Bänden ein großes Volumen von 392 Blättern in Folio, und als er starb, kam dasselbe in die Hände Polydor Calchi's, der es verkaufte an Galeazzi Arconati. Arconati bewachte diesen Band in seiner Bibliothek und wies alle Gebote zurück. Howard Graf von Arundel bot dafür im Namen des englischen Königs 60,000 Frcs. Allein Arconati hielt diesen Schatz fest und wusste auch die durch Aretin in Leoni's Besitz gelangten zu bekommen. Um 1637 schenkte Arconati die ganze Kollektion an die Ambrosianische Bibliothek. 1674 endlich lieferte Horace Archinto noch ein Volumen ein, und die Familie Trivulcio schenkte ein in ihrem Besitz befindliches Manuskript, eine Vocabulaire, derselben Bibliothek. — Eine Anzahl Leonardoscher Schriften wurde durch Thomas Graf von Arundel 1610 bereits akquiriert und dem British Museum einverleibt. Die anatomischen Studien sind ebenfalls nach London gewandert, und zwar stammen diese und andere Blätter wohl von dem Codex des Bianchi her, der sie an einen gewissen Engländer Smith verkaufte. — Eine Reihe Schriften des Leonardo war im Landhaus Vaprio bei Florenz verblieben, im Besitz der Melzi. Dieselben sind später an das Florentiner Museum gekommen. Endlich befinden sich etliche Blätter in Venedig.

Die auf diese Weise entstandene Hauptsammlung in der Ambrosiana hatte leider das Schicksal, 1796 von den Franzosen geraubt und nach Paris transportiert zu werden, mit Ausnahme des großen Volumens, welches Aretin kompiliert hat, des berühmten Codex Atlanticus.

Trotzdem beim Friedensschluss 1814 die Rückgabe der Leonardoschen Manuskripte an die Ambrosiana statuiert war, erfüllten die Franzosen diese Ehrenpflicht doch nicht, unter dem Vorwand, diese vierzehn Codices seien nicht mehr aufzufinden. Kurze Zeit darauf aber wurden sie der Bibliothek des Instituts einverleibt.

Die Perle der nachgelassenen Manuskriptsammlungen ist der Codex Atlanticus, — abgesehen von den Handzeichnungen und Karikaturen. Der Codex Atlanticus allein würde hinreichen, um an seinem Inhalt die eminenten Kenntnisse des Leonardo zu erweisen.

Schon in obiger Nachweisung über den Verbleib der Manuskripte des Leonardo liegt der Grund offenbar, dass der Inhalt derselben seiner Zeit nicht zu Gute kommen konnte. Zuerst aus Pietät ängstlich bewahrt, sodann aus Unkenntnis vernachlässigt und zersplittert, von dem einen aus Geldgier, von dem andern aus Liebhaberei festgehalten, bot sich keine Gelegenheit dar zum Bekanntwerden, und als man endlich alles beinahe beisammen hatte und daran dachte, durch den Druck diese Schätze bekannt zu machen, da wurde die Kollektion wieder zersplittert. Die Spuren von Verbreitung der Leonardoschen Lehren sind äußerst spärlich. Benvenuto Cellini[4] erzählt uns von einer Kopie, welche ihm von einer Leonardoschen Schrift durch einen ganz armen Mann angeboten ward 1542, — vermutlich eine Kopie der zu Vaprio aufbewahrten Handschriften, die über Skulptur, Malerei und Architektur handelten. Ferner hatte Pinelli von Neapel Kopien von Leonardos Schriften über die Malerei entnommen und benutzte dieselben mit anderen Studien zur Herstellung seines Codex Pinellianus, der nach seinem Tode (1601) in Paris durch Dufresne 1651 veröffentlicht wurde. Eine ähnliche Ausgabe erschien von Steffano Della-Bella (1610–1664) in Florenz 1792. Der Trattato della Pittura ist frühzeitig und sicherlich von allen seinen Schülern bereits kopiert worden und 1651 zuerst gedruckt. Die Ambrosiana besitzt hiervon eine Kopie durch Mazena's Vermittlung Sie besitzt ferner noch Kopien von diversen Abhandlungen, die teilweise in den Pariser Codices enthalten sind, so von der berühmten Schrift des Leonardo: Del moto e misura dell' acqua, welche später 1828 in Bologna gedruckt ward, im übrigen aber sehr bekannt war. In diesem kopierten Codex sind noch viele andere Sachen enthalten, besonders auch die Dessins für den Kanal Martesana. Ein dritter Band enthält Kopien von Trattato d' ombre e lumi, Trattato della Pittura u. s. w. In der Periode von 1625–1645 wurden von den im Besitz des Arconati befindlichen Schriften Kopien für die Bibliothek des Kardinals Barberini angefertigt. Ebenso nimmt man an, dass ein Teil der in England befindlichen Manuskripte nur Kopien sind. — Übrigens geht aus dem allgemeinen Stillschweigen der sämtlichen Schriftsteller über naturwissenschaftliche Gebiete aus dem 16. und 17. Jahrhundert genugsam hervor, dass im Großen und Ganzen Leonardos Schriften unbekannt blieben. Dagegen, und dies werden wir im Verlauf der speziellen Besprechung seiner Schriften zeigen, ist einzelnes bekannt geworden, und wie oben bereits angeführt worden, dass Galilei's Art der Betrachtung mit der des Leonardo frappante Ähnlichkeit habe, so auch finden wir z. B. einige Leonardosche Gesetze und Beispiele zur Theorie der Wellenbewegung bis auf den heutigen Tag in den physikalischen Lehrbüchern wiederkehren. Es ist natürlich unfruchtbar, derartige absolute Beweise und Nachweise führen zu wollen; wir können nur bedauern, dass die Schriften nicht früher zur Kenntnis gelangt sind.

Die spätere Literatur weist auch nicht allzu viel von Leonardo auf. Da schon Vasari (Vite dei Pittori, Scultori ecc.) von den nachgelassenen Schriften des Leonardo für Mechanik, Physik, Maschinen etc. spricht (1568), so müsste dadurch allerdings wohl die Aufmerksamkeit im Laufe der Jahrhunderte darauf gezogen worden sein. Und dennoch ist dieselbe sehr gering gewesen. So wesentliche Bewunderung Leonardo als Maler und Skulpteur beständig gefunden hat, so wenig wurde Acht gegeben auf seine übrigen Leistungen. Studiert hat man seine Manuskripte allerdings öfter, aber nur wenige haben den inneren Wert derselben hervorgehoben, den geschichtlichen Wert Die meisten hatten sich begnügt mit der Durchsicht und waren dann befriedigt fortgegangen. Während Leonardo als Maler eine Reihe Biographen gefunden hat, wie Vasari, Amoretti, Ranalli, Campori, Piles, Rio, Lomazzo, Manzi, Libri, Calvi, Brown, Marquis d'Adda, Delécluze, Marx, Houssaye, Gallenberg, Bossi, Blanc, Braun, Clément, und in vielen Kunstschriften seine Gemälde und Kunstwerke beurteilt werden (auch Goethe referiert darüber), während seine Familienverhältnisse gründlich untersucht worden sind durch Uzielli, Calvi und Dozio, ist für die Fülle der übrigen Leistungen wenig geschehen, so dass dieselben noch heute im allgemeinen als unbekannt betrachtet werden können. Die Begründung dafür haben wir bereits auf mehrfache Weise dargetan Was bisher über die wissenschaftliche Bedeutung Leonardos klargelegt ist, wollen wir folgen lassen, nicht ohne den bestimmten Vermerk, dass alle diese Arbeiten Stückwerk sind und nur einen geringen Teil der Arbeiten und Leistungen Leonardos umfassen, ja oft nur ein einziges Objekt.

Gerli Milanese, Disegni di Leonardo da Vinci incisi e pubblicati da —. 1784. Hiernach die englische Ausgabe von J. Chamberlain, London 1797.

Venturi, Essai sur les ouvrages Physico-Mathématiques de Leonard da Vinci etc. Paris 1797.

Auch Amoretti, Memorie etc. enthält über die wissenschaftliche Seite Leonardos schätzenswerte Beiträge.

Rippetti, Dizionario geogr. fisico-storico della Toscana. Vol. V., p. 789.

Govi, Leonardo scienziato, filosofo, politico et moraliste.

Trattato del moto e misura dell' acqua di Leonardo da Vinci. 1828. Bologna.

Lombardini, dell' origine e del progresso della scienza idraulica nel Milanese et in altri parti d'Italia.

Libri, Hist. scien. matem. III.

Marx, Über M. A. della Torre und Leonardo da Vinci, die Begründer der bildlichen Anatomie. Göttingen, 1849.

Grothe, Allg. deutsche polytechn. Zeitung 1873, pag. 2. 25. 41. 53. 78. 89. 130. 141. 153. 169. 249. — 1874. pag. 87. Über Leonardos Bedeutung für die Geschichte der induktiven Wissenschaften, mit 36 Abb.

Saggio delle opere di Leonardo da Vinci. Mailand 1872 (ausgegeben Februar 1873), mit 24 Tafeln aus dem Codex Atlanticus. So trefflich diese Ausgabe an sich ist, so enthält sie doch nur wenige der wertvolleren Zeichnungen des Leonardo. Ebenso ist zu bedauern, dass man von der Ausgabe nur 300 Exemplare gedruckt hat, so dass schon jetzt kein Exemplar mehr aufzutreiben ist und ein hoher Preis für den Ankauf gezahlt wird. Jedenfalls zeigt diese Ausgabe sich nicht auf richtigem Wege, sowohl Leonardos Bedeutung für die Geschichte und die Wissenschaft klar zu legen (trotz der an sich trefflichen Einleitung) und dieselbe populärer zu machen. — Von den vorher benannten Schriften tritt die von Venturi als diejenige auf, welche für Leonardo als Physiker und Mathematiker Propaganda machte.

Bis 1797 war also den naturwissenschaftlichen Kreisen der Name Leonardo da Vinci fast fremd. Da erschien die Schrift von Venturi: Essai sur les ouvrages physico-mathématiques de L. de V. in Paris und verbreitete zuerst die verlorene Kunde von Schriften des Leonardo, die in den Bereich der induktiven Wissenschaften gehören. Dieselben waren 1796 von den Franzosen nach Eroberung Mailands nach Paris zum Teil übergeführt, während sie zuvor in der Ambrosianischen Bibliothek zu Mailand wohlgeborgen und der Einsicht des Publikums wenig zugänglich geruht hatten. Venturi hatte diese reichen Manuskripte gesehen und durchstudiert trotz der Schwierigkeit, welche die Schreibweise Leonardo da Vinci's von rechts nach links mit sich brachte, — und hatte gefunden, dass die Bedeutung dieser Schriften groß sei und Leonardo mit Recht in die Reihe der Beförderer des Wiederauflebens der induktiven Wissenschaften hervorragend eintrete und als ein Vorgänger Galilei's zu betrachten sei. Dass die Schrift Aufsehen machte, bezeugt Whewell, indem er dieselbe sofort zur Ergänzung des betreffenden Abschnittes seiner Geschichte der induktiven Wissenschaften benutzte. Schon vorher 1757 hatte Ximenes einen Brief des Leonardo an Christoph Columbus vom Jahre 1473 entdeckt „über die Wahrscheinlichkeit des Erreichens des Orient-Indiens auf dem intendierten Wege", und in

London ward von Richard Henry eine Karte von Amerika gefunden mit Leonardos Unterschrift, — die erste Karte Amerikas Major Richard Henry: Memoir on a Mappemonde by Leonardo da Vinci, being the earliest map hitherto known containing the name of America. Archaeologia Vol. XI. London. — 1828 ward endlich die zusammenhängende Schrift Leonardos: Del moto e misura dell' Acqua di Leonardo da Vinci in Bologna herausgegeben, während später Elia Lombardini in seinen Osservazioni storico-critiche sopra dell' origini e del progresso della Scienza idraulica nel Milanese ed in altre parte d'Italia gerade hervorhob, dass Leonardo da Vinci der Urheber einer systematischen Hydraulik gewesen sei.

Libri, in seiner Geschichte der mathematischen Wissenschaft, nimmt bereits eingehender Rücksicht auf Leonardo und zitiert unter anderen auch Chasles, der in seiner Geschichte der Geometrie an das Ovalwerk des Leonardo nach Mitteilung seines Schülers anknüpft, wenn er auch dabei mit seinen Betrachtungen in der Irre geht, wie Reuleaux[5] gezeigt hat. Hier und da tauchen einzelne Betrachtungen des Leonardo auf, abgesehen von dem trefflichen Werke über die Anatomie des Leonardo von Marx. Michel Alcan gab in seinem Traité du travail de laine irrtümlich eine Zeichnung einer Leonardoschen Longitudinalschermaschine für Tuche[6], die in der Tat eine Maschine zum Ziehen und Härten der Metallfedern war. Dies war die Veranlassung, dass der Verfasser dieser Abhandlung mit seinen bereits aus Liebhaberei an der Geschichte der Technologie, welche er seit 1869 an der Königl. Gewerbe-Akademie vortrug, gesammelten Notizen über Leonardo hervortrat und zunächst den Irrtum des Alcan nachwies unter Beibringung der Kopien der Leonardoschen Skizzen. Karmarsch nannte diese Skizze in seiner Geschichte der Technologie „naiv", und um einmal die Bedeutung des Leonardo für die Technologie darzulegen, veröffentlichte der Verfasser dieses eine Reihe Arbeiten über Leonardo unter Beibringung der Handzeichnungen in Kopien seit Medio Dezember 1872.[7] Im Frühjahr 1873 erschien dann die Ausgabe Il Saggio etc. mit 24 photographierten Tafeln und kurz darauf die treffliche Abhandlung von Alessandro Cialdi, Leonardo da Vinci, fondatore della dottrina sul moto ondoso del Mare.[8]

Alles dies regte den Verfasser an, nunmehr noch eingehender die Studien über Leonardo fortzusetzen

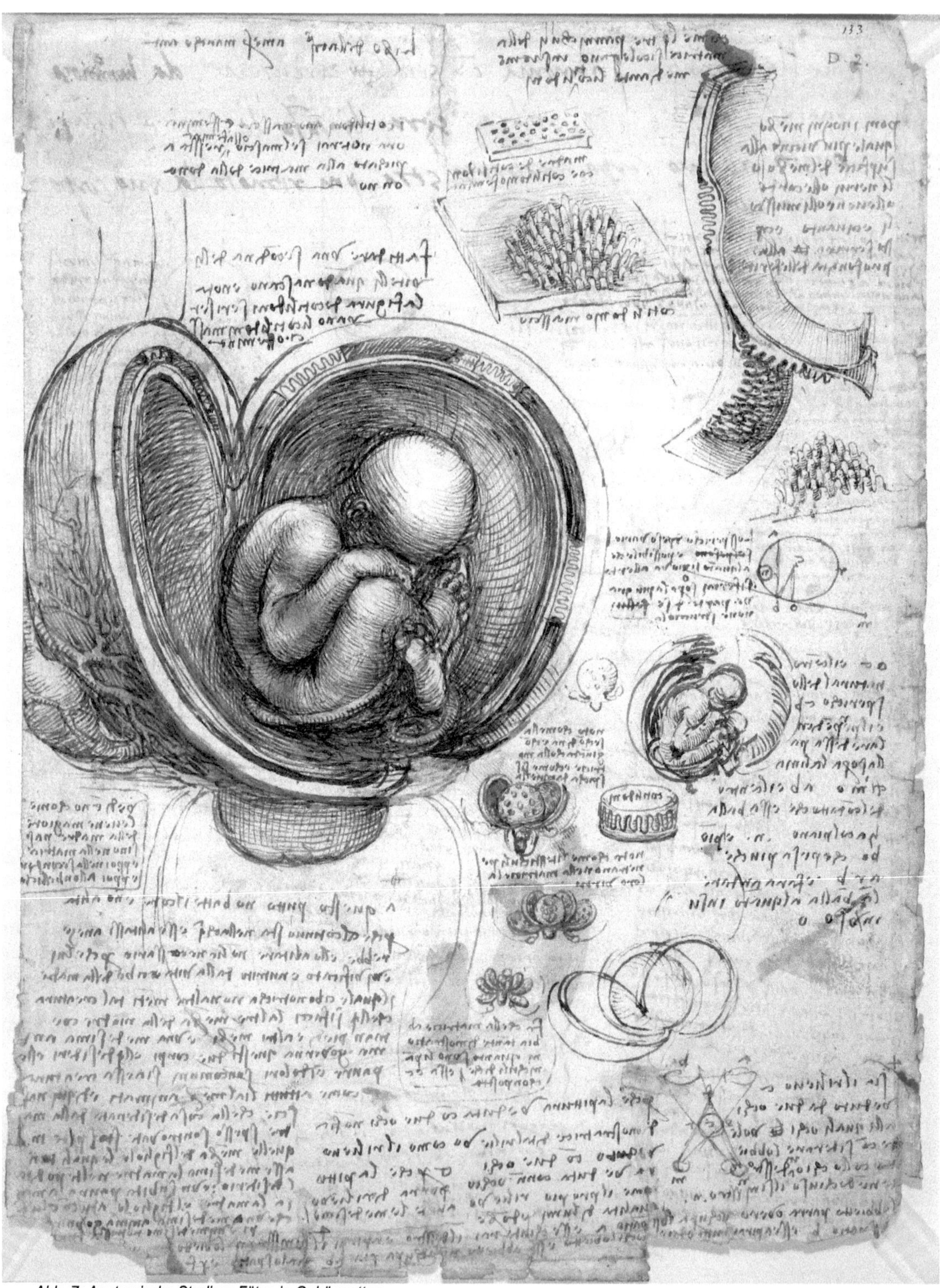

Abb. 7: Anatomische Studien: Fötus in Gebärmutter.

und zumal nach Kenntnisnahme des bereits Veröffentlichten, dahin zu streben, die Lücken auszufüllen. Bei allen diesen Studien und in dieser Wiedergabe ihrer Resultate ist als erster Gesichtspunkt festgehalten: „Leonardos nachgelassene Schriften gleichsam als eine Geschichtsquelle zu betrachten und aus ihr Daten festzustellen für die geistige und materielle Entwicklung seiner Zeit in Wissenschaft und Technik, um jene oben näher bezeichnete bisher dunkel gebliebene Geschichte seiner Zeit so weit als möglich zu erhellen." Daneben stellt sich unzweifelhaft heraus, welche Bedeutung Leonardo selbst als Mathematiker, Mechaniker, Physiker, praktischer Ingenieur und Erfinder resp. Konstrukteur hat, wie weit sein Genie seinen Zeitgenossen voraneilte.

---

[4] Cellini Discorso sull' architettura publ. dal Morelli (Naniana).

[5] Verhandlungen des Vereins für Gewerbfleiß in Preußen.

[6] Zeitschrift des Vereins der Wollinteressenten 1870.

[7] Allg. deutsche polyt. Zeitung von Dr. H. Grothe 1873.

[8] Jl Politechnico. Mailand 1873. Nr. 3.

IV.

Wir hatten bereits im I. Abschnitt dieser Abhandlung dargelegt, wie die philosophische Betrachtungsweise des Aristoteles überall im Mittelalter die herrschende war. Wir werden in fernerer Darstellung noch speziell diesen Einfluss kennzeichnen müssen. Leonardo zeigt sich in seiner Art und Weise der Beobachtung nicht von der aristotelischen Methode befangen. Klar und deutlich, unseren jetzigen Anschauungen ungemein nahe verwandt, gibt er die Prinzipien an, nach denen er die Naturbetrachtung, die Forschung vornimmt.

Die Art und Weise des Behandelns naturwissenschaftlicher und technischer Fragen seitens des Leonardo finden wir in seinen Schriften selbst präzisiert, wo er sagt: „Zuerst stelle ich bei der Behandlung naturwissenschaftlicher Probleme einige Experimente an, weil meine Absicht ist, die Aufgabe nach der Erfahrung zu stellen und dann zu beweisen, weshalb die Körper gezwungen sind, in der gezeigten Manier zu agiren. Das ist die Methode, welche man beobachten muss bei allen Untersuchungen über die Phänomene der Natur. Es ist wahr, dass die Natur gleichsam mit dem Raisonnement beginnt und durch die Erfahrung endigt, aber gleichviel, wir müssen den entgegengesetzten Weg nehmen; wie ich schon sagte, wir müssen mit der Erfahrung beginnen und mit ihren Mitteln nach der Entdeckung der Wahrheit trachten." — Ist das nicht die gleiche Idee, die Franz Baco in seiner Vorrede zur Instauratio magna auseinandersetzte und in der Einleitung seines Werkes, zum zweiten Teil, des Breiteren besprach, und die er in seinem Novum organum wiederholt als selbst befolgt darlegte? Ein anderer Wahlspruch des Leonardo besagt: „Die Theorie ist der Feldherr, die Praxis sind die Soldaten," und wieder am andern Orte spricht er aus: „Der Interpret der Wunderwerke der Natur ist die Erfahrung. Sie täuscht niemals; es ist unsere Auffassung, welche zuweilen sich selbst täuscht, weil sie Effekte erwartet, die die Natur nicht gibt. Wir müssen die Erfahrung konsultieren in der Verschiedenheit der Fälle und Umstände, bis wir daraus eine General-Regel ziehen können, die darin enthalten. Und wozu sind diese Regeln gut? Sie führen uns zu weiteren Untersuchungen der Natur und zu Schöpfungen der Kunst. Sie verhindern, dass wir uns selbst verlieren oder andere, wenn wir Resultate uns versprechen, die nicht zu erhalten sind." Ferner sagt er: „Es gibt keine Gewissheit in den Wissenschaften, wo man nicht einige Teile der Mathematik anwenden könnte, oder die nicht davon in gewisser Beziehung abhinge. — In dem Studium der Wissenschaften, welche mit der Mathematik zusammenhängen, sind diejenigen, welche die Natur nicht konsultieren, oder die Autoren, welche nicht Kinder der Natur sind, ich sage es laut, nur kleine Kinder. Die Natur allein ist wirklich der Lehrer des wahren Genies. Und sehet die Sottise! Man spottet über einen Menschen, welcher lieber von der Natur lernen will, als von Autoren, welche doch nur die Schüler derselben sind." Und in Vol. E. fol. 8 seiner Manuskripte schreibt Leonardo da Vinci:

„La meccanica è il paradiso delle scienze matematiche, perché con quella si viene al frutto delle scienza matematiche."

Alle diese Aussprüche geben uns die Erklärung für die unermüdliche Methode und Arbeit des Leonardo auf wissenschaftlichem Gebiete, auf dem Gesamtgebiet der Naturwissenschaften.

Wir übergehen hier die trefflichen Sentenzen, die Leonardo als Philosoph vorbringt über die menschlichen Leidenschaften, über den Glauben und die Religion, über den Tod, über Selbstbeherrschung u. s. w. In allen weht ein tief gefühlvoller Geist, eine Einfachheit und Klarheit der Anschauung, eine Ergebenheit in das Geschick, wie es auch zugeteilt sei. Wir übergehen ferner seine poetischen Ergüsse, seine Sprach- und grammatikalischen Studien, seine Schriften über die Malerei, und wenden uns der näheren Betrachtung der Leistungen zu, die gleichsam Ausflüsse oder Resultate obiger philosophischer Methoden sind.

V.

Die mathematischen Kenntnisse Leonardos sind von seinen Zeitgenossen und Späteren hoch angeschlagen worden. Wenn Leonardo selbst auch vielleicht keine neuen mathematischen Gesetze gefunden hat, so ist vor allen Dingen das anzuerkennen, dass er bei den Konstruktionen von Maschinen, dem Suchen nach Mechanismen u. s. w. stets die Mathematik anwendete und sie, wie er sagt, als den wahren Schlüssel zur Forschung benutzt. Libri schreibt ihm die Erfindung des + und - Zeichens zu. In der Tat bedient er sich dieser Zeichen durchweg, — allein es steht damit nicht fest, dass dieselben nicht arabischen Ursprungs gewesen seien. Jedenfalls ist Leonardo einer der ersten in Italien, welcher dieser Zeichen sich bediente. Er beschäftigte sich in den Manuskripten sehr viel mit der Geometrie, selbst auf Blättern, die eine mathematische Arbeit nicht für nötig erkennen lassen, erscheinen in den Ecken oder auch mitten darauf mathematische Figuren. Die Quadratur des Kreises sucht er, — aber vergebens, und spricht sich über die Unmöglichkeit, sie zu finden, endlich aus, da man nicht im Stande sei, auch nur ein Stück davon absolut genau zu berechnen. — Leonardo konstruierte einen Proportionalzirkel mit beweglichem Zentrum, welcher auch für irrationale Proportionen gebraucht werden kann. In gleicher Weise konnte er hiermit ein Oval für eine gegebene Proportion zeichnen, wenn ein Kreis gegeben. Libri fügt hinzu, dass gleiche Proportionszirkel später von Tartaglia, Benedetti und Ferrari erfunden seien. Lomazzo erzählt, dass Leonardos Ovalrad, ein wunderbares Werk, von einem Schüler des Melzi zu Denis gebracht sei, welcher letztere dasselbe mit vielem Geschick gebrauche. Libri berichtet ferner, dass Leonardo die Oberflächenebenen als die Grenzen der Körper angesehen, die Linien aber als Grenzen der Ebenen, und dass er die doppelten Kurvenlinien der einfachen Kurven bestimmt habe. Endlich ermittelte Leonardo den Schwerpunkt der Pyramide (was früher dem Commandin oder Maurolycus zugeschrieben wurde), und zwar so, dass er ihn auf den Viertelpunkt der Graden verlegt, welche die Spitze der Pyramide mit dem Schwerpunkt der Grundfläche verbindet. Leonardo gibt dazu eine Figur und eine Note, welche zeigt, dass er die Pyramiden in Ebenen parallel zur Basis zerlegte, wie wir es heute tun

Bedeutendes Gewicht legt Leonardo auf die Perspektive. Er nennt sie den Zaum und das Steuerruder der Malerei, und teilt sie in drei Teile: 1) Verkürzung oder Verkleinerung nach Linien und Winkeln, welche die Größe der Körper in verschiedenen Entfernungen mit dem Gesichtspunkt bilden, der im Umfange des Bildes und in gleicher Höhe mit dem Beschauer liegen muss — 2) Da zwischen das Auge des Beschauers und das Bild eine größere Menge Luft tritt, die den Körpern ihre Farbe auch mitteilt, so müssen die Farben geschwächt werden. — 3) Die Umrisse müssen geschwächt werden und gegen die Luft auslaufen. Leonardo ermahnt, bei Gebäuden die Geometrie zu gebrauchen, um richtige Verhältnisse in das Gemälde zu bringen und die Wirklichkeit und Wahrheit im Gemälde zu vergrößern. Welchen Anteil Leonardo an dem liber de divina proportione des Pacioli gehabt, ist bereits erwähnt. Ebenso wird derselbe angenommen bei Pacioli's liber de viribus quantitatis. Die Manuskripte enthalten viele Zeichnungen und Beispiele für seine Gesetze der Perspektive. Libri erwähnt noch eines vorhandenen Blattes mit der Aufschrift libro d'equazione, welches sich allerdings im Codex Atlanticus befindet; allein weiteres ist nicht zu entdecken.

VI.

Wir finden, dass Leonardo für die Mechanik sehr viel geleistet hat, und dass er selbst die höchste Lust an dieser Wissenschaft empfunden haben muss, als er die Mechanik das Paradies der mathematischen Wissenschaft nannte. Er besaß allerdings im hohen Grade die Eigenschaften und Kenntnisse, welche dem wahren Mechaniker eigen sein müssen, nämlich ausgedehnte mathematische Kenntnisse, Liebe und Verständnis für die Natur und Naturerscheinungen und eine scharfe Beobachtungsgabe, neben rastlosem Denkervermögen, das nicht ruhte, bevor nicht das Beobachtete durchforscht war und klar vor ihm lag. Ferner prüfte er an heterogenen Fällen das gefundene Gesetz und legte sich selbst Fälle und Fragen vor, für eine Beweisführung des als zutreffend Erkannten. In dieser tief richtigen Weise stellt er seine Kalkulationen an, und ermittelt Kraft, Bewegung, Fall, Gewicht, Schwerkraft, Wellenbewegung u. s. f. In dieser Betrachtungsweise und zumal in seiner freien, von keiner hergebrachten Methode gefesselten Beobachtung, in seinen eigenen Versuchen und Erfahrungen liegen die Erklärungen für die überaus abweichende Stellung, die Leonardos Mechanik einnimmt gegenüber der Mechanik seiner Zeit. Um dies in das richtige Licht zu stellen, müssen wir auf die Geschichte der induktiven Wissenschaften, speziell die Geschichte der Mechanik zurückgehen und den (bisher als geltend angenommenen) Standpunkt seiner Zeitgenossen kennzeichnen.

Wir haben oben bereits gesagt, dass Archimedes die Hebelgesetze feststellte und in klarer Weise begründete; gleichzeitig mussten wir bekennen, dass nach Archimedes' Tode diese Anschauungen schnell verschwanden, und in der Tat finden wir sie Jahrtausende hindurch verdrängt durch die aristotelischen Lehren. Diese waren geltend. Wie hatte sie Aristoteles erklärt?

Archimedes spricht deutlich aus, dass zwei Gewichte im Gleichgewicht am Hebel sind, wenn sie sich verkehrt verhalten, wie ihre Entfernungen von dem Unterstützungspunkte. Der Beweis dieses Satzes ist von Archimedes mit Bezug auf den Schwerpunkt der Körper gegeben. Aber hiervon ward keinerlei Gebrauch gemacht, sondern Aristoteles erklärte rund weg, bei der Frage: Wie können kleine Kräfte große Lasten durch Hilfe eines Hebels in Bewegung setzen, da doch hier nebst der Last auch noch der Hebel selbst bewegt werden muss? — Dies geschieht deshalb, weil ein größerer Halbmesser sich stärker bewegt als ein kleinerer! — Wie kann ein kleiner Keil große Klötze zersprengen? — Weil der Keil aus zwei entgegengesetzten Hebeln besteht. Bei diesen Antworten ist die Beobachtung und eine Prüfung der Fälle absolut vernachlässigt. Da die aristotelische Methode herrschend blieb, so vermochten die späteren Mechaniker, selbst die, welche sich auf Archimedes' Gesetz stützten, nicht dieses Gesetz anzuwenden. Sie versuchten dies freilich oft genug, z. B. für die Schraube, den Keil, die schiefe Ebene, aber ohne Erfolg, was um so mehr wunderbar erscheint, als die schiefe Ebene, durch welche die Wirkung der Kraft, die man an den Körper wenden will, vermehrt wird, unter die einfachen Maschinen aufgenommen wurde. Allein das Verhältnis der Vermehrung der Kraft konnte keiner auffinden. Pappus (400 n. Chr.) stellte das Problem auf, bei gegebener Kraft, die eine Last auf horizontaler Ebene bewege, die Vermehrung dieser Kraft zu finden, die für den Fall nötig, um dieselbe Last auf einer gegebenen schiefen Ebene zu bewegen, — ohne über Messung der Kraft, über die Art der Bewegung u. s. w. irgend etwas zu bemerken. Er löste die Aufgabe oder glaubte sie zu lösen dadurch, dass er, unter Annahme der Kugelgestalt für die Last, die Wirkung der Berührung der Kugel mit der schiefen Ebene vergleicht mit der Wirkung, wenn diese Kugel von einem horizontalen Hebel getragen werde, dessen Hypomochlion jener Berührungspunkt ist, wo die Kraft auf die Oberfläche der Kugel wirkt.

Aber diese Unfähigkeit der Benutzung und Begründung der Hebelgesetze dehnt sich weit über Leonardos Zeit hinaus, denn auch Cardanus, Jordanus u. A. können noch nicht mit dem Beweise der schiefen Ebene fertig werden, obschon sie klarer sind und der Wahrheit sich nähern. Ähnlich wie die Hebelgesetze schwebten die Begriffe im Zweifel über die Bewegung. Über diese wichtige Lehre ist Aristoteles so verwirrt wie kaum über etwas anderes. Er gebraucht dabei jenen „berüchtigten" Ausdruck Entelecheia, der schon nach einigen Jahrhunderten gar nicht mehr verstanden wurde und zu enormen Missverständnissen führte. Hermolaus Barbarus erzählt uns gar, er sei von der Schwierigkeit, dieses Wort gehörig zu übersetzen, so sehr gepeinigt worden, dass er einst bei Nachtzeit den bösen Geist zu Hilfe rief. Allein der alte Spötter sagte ihm nur ein Wort, das noch dunkler war als jenes, und endlich begnügte er sich selbst mit dem selbst gefundenen Perfectihabilia[9]. Also Aristoteles sagt: „Die Bewegung ist die Entelechie eines lebenden Körpers in Beziehung auf seine Beweglichkeit." Alle Schriftsteller bis zu Galilei hin leben noch in des Aristoteles Problemen. Mit dem Ende des fünfzehnten Jahrhunderts tritt freilich eine etwas bestimmtere Ansicht ein bei einigen. Gerade die Bewegung bildete den Hauptvorwurf der in mechanischen Dingen arbeitenden Gelehrten. 1494 erschien Massimus de Motu locali, ferner Spanelli Tornus, Fassembruno, alle zu Venedig, ferner folgten später Diodochus, Bassianus Landus, Teisner (motus continuus, Lasnes, Jean Lorges, Cardanus, Borrius, Berri, Varro, Bonamici,

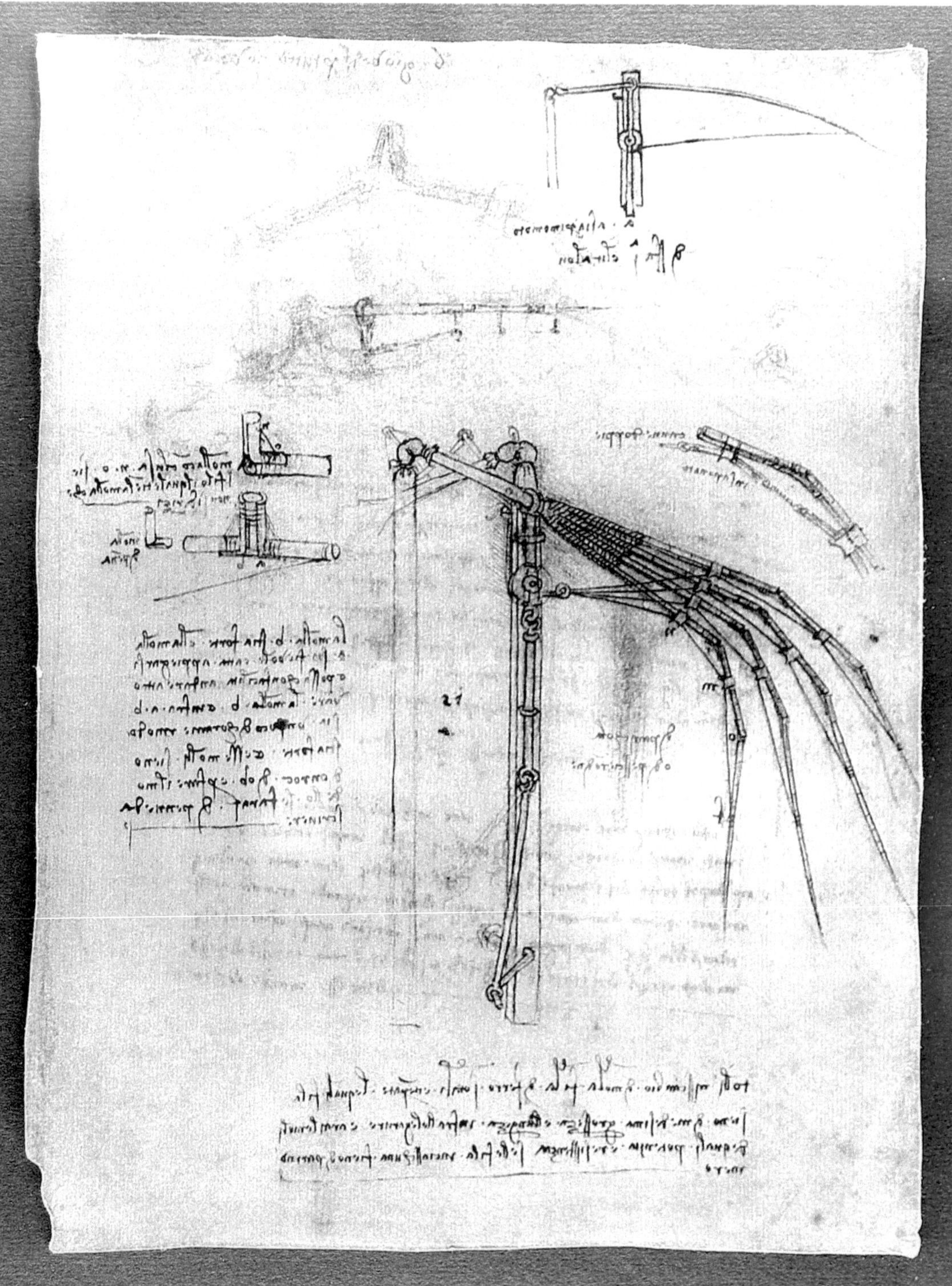

Abb. 8: *Entwurf eines Details einer Flugmaschine*

Stecker, Findlinger, van der Hoop, Parcachi, Leiva, Moretti u. A.).

In einzelnen dieser Schriften ist recht nachweisbar, wie natürliche Beobachtung mit der aristotelischen Methode im Streite lag, und oft ist nur die letztere der Grund, dass nicht das Richtige klar dargelegt wird. Hierfür bildet Jordanus Nemorarius in seinem Werk de Ponderositate einen merkwürdigen Beleg.

Ähnlich ging es mit dem Begriff der Schwere. Aristoteles sagt: „In der Physik nennen wir die Körper schwer oder leicht nach der Gewalt ihrer Bewegung!" worauf er gleich zufügt, dass diese Erklärung für die wirkliche Operation der Körper nicht angemessen sei, außer dass man das Wort Gewalt für beide Bedeutungen annehmen wolle. Sein schlimmster Satz war jedoch der: dass derjenige Körper der schwerere ist, der bei gleichem Inhalt schneller abwärts geht. Thomas von Aquin spricht sich ganz aristotelisch aus. Nachdem er, wie zufällig, bemerkt, dass die Vermehrung der Quantität nicht die Ursache der Schwere sei, behauptet er, dass jeder Körper, je gewichtiger er sei, sich auch desto mehr mit eigener Kraft bewege. — Dennoch sind die Ansichten hierfür klarer, und besonders wurde der Begriff des Schwerpunktes wenigstens im 15. Jahrhundert schon festgehalten. Ubaldi bemerkt in der Vorrede seines Mechanicorum liber (1577), Archimedes habe mit Recht vom Schwerpunkte der Ebene geschrieben, obgleich die Ebene nicht schwer sei. Solche Ebenen seien anzusehen als Grundflächen eines Prismas.

Mit der dynamischen Wissenschaft stand es, wie wir bereits oben berührt, ähnlich. Aristoteles lehrt bereits den Unterschied der natürlichen und der gewaltsamen Bewegung. Aber lange blieb das Wesen derselben unklar. Man bemühte sich zu zeigen, wie die gewaltsame Bewegung sich zu der Kraft verhielte, die sie erzeuge. Das unglückliche Beispiel des Aristoteles, um die Ursache der Bewegung eines Steines zu zeigen, der von der Hand geworfen sich fortzubewegen fortfahre, — wurde am schnellsten von allen Lehren des Stagiriten beseitigt. Man stellte jedoch ohne Klarheit dem Begriff Bewegung auch die Kraft bei und sprach so von positiver Bewegung. Bei dem Beispiel der abgeschossenen Kanonenkugel trat die Wandlung der Ansichten am meisten hervor. Man nahm allgemein an, und Tartaglia (Nova Scienza 1551) glaubte noch, dass die Kugel, nach Verlust ihrer positiven Bewegung, so-

fort senkrecht herunterfalle. Santbach stellte sich das Herabfallen der Kugel nach Erreichung des Endes der positiven Bewegung in Absätzen (treppenförmig) vor. Rivius (1548) nahm an, dass der Herabfall im Kreisbogen geschehe, wie später noch Leonardo da Vinci und Galilei. Benedetti hatte zuerst eine Ansicht über die Ursache der Wurfbewegung überhaupt, indem er darlegt, dass der Stein oder die Kugel durch die Luft gehindert werde (nicht getrieben, wie Aristoteles behauptete), und dass die Bewegung des Steines überhaupt von einer gewissen Impression, von der Impetuosität komme, die der Stein von der ersten bewegenden Kraft, von der Hand erhalte! Benedetti's liber speculationum erschien 1585. —

Es war unsere Absicht, im Vorstehenden in etwa zu zeigen, wie unvollkommen man die technischen Probleme in der ganzen Periode von Archimedes bis zum 16. Jahrhundert behandelte. Erst mit der Lehre des Holländers Stevinus in Brügge (Prinzipien der Statik und Hydrostatik 1586) und mit einzelnen Lehren des Varro, Cardanus, Benedetti, Ubaldi trat ein Verlassen der Irrlehren und der falschen Methode des Aristoteles ein. So lautet wenigstens die bisherige Annahme der Geschichte der mechanischen Wissenschaften.

Nachdem Libri, Venturi und Neuere die Manuskripte des Leonardo durchforscht haben, steht außer Zweifel, dass Leonardo bereits am Ende des 15. Jahrhunderts viele dieser mechanischen Gesetze klar und deutlich aufgefasst hatte. Viele derselben hat er handschriftlich hinterlassen, und sie geben dem Leonardo, will man ihn persönlich als den Urheber derselben ansehen, mindestens eine gleiche Bedeutung für die Mechanik, wie man Stevinus sie beilegt, zudem die Priorität.

Leonardo bringt uns zunächst über den Hebel folgende Betrachtung, bei welcher das Verhältnis der Kräfte in dem Falle, wo eine Schnur in schiefer Richtung auf einen mit einem Gewichte belasteten Hebel wirkt, richtig dargestellt worden.

„Es sei (Fig. 1.) der Hebel AT, sein Drehpunkt in A, das, Gewicht O in T aufgehängt, und die Kraft N, welche dem Gewicht O die Waage hält. Man ziehe AB senkrecht nach BO und AC senkrecht auf CN. Ich nenne AT den reellen Hebel; AB, AC potentielle Hebel; und man hat die Proportion N : O = AB : AC. Sei nun M das Gewicht, gehalten durch das Seil AM, dessen Ende fixiert ist in A (Fig. 2.); sei ferner das Gewicht und das Seil in AM zurück-

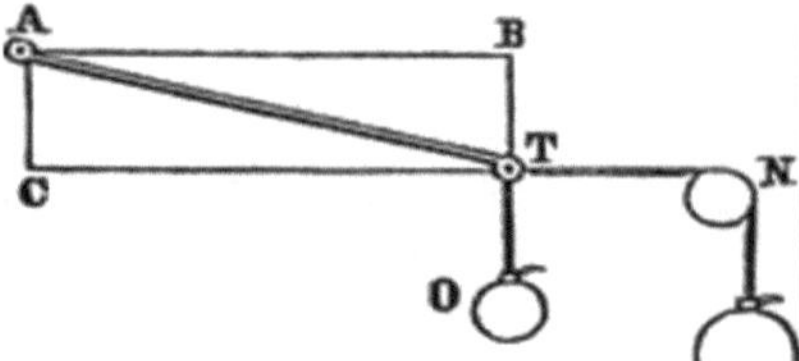

Fig. 1

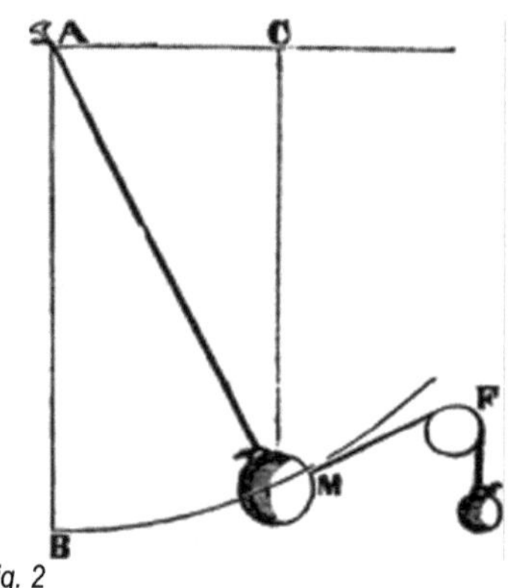

Fig. 2

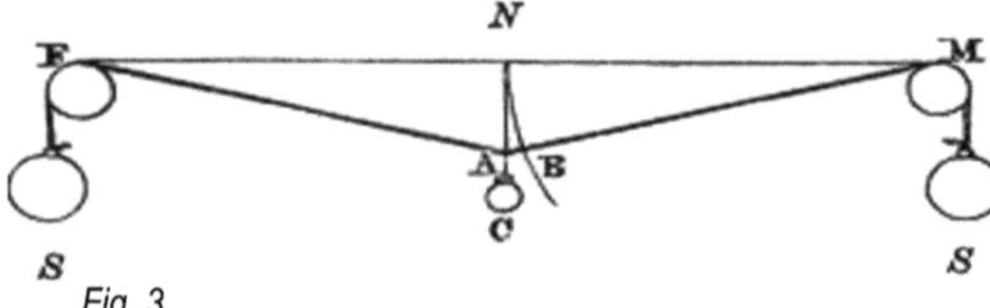

Fig. 3

gehalten außerhalb der perpendikulären Stellung AB mittelst der Kraft F, deren Richtung MF mit AM einen rechten Winkel bildet, — so wird die Kraft F sich zum Gewicht M verhalten wie AC : AM.

Ist die Korde FM (Fig. 3.) durch zwei gleiche Kräfte an F und M gespannt, und befestigt man in der Mitte der Korde in N ein kleines Gewicht C, so wird dieses den Punkt N bis A herabziehen, während die Gewichte an FM heraufsteigen. Mit dem Radius MN beschreibe man einen Kreis. Derselbe schneidet AM in B, und es wird nun die Bewegung des Gewichtes S an M gleich AB sein. Der Punkt N steigt herab, bis die Proportion eintritt C : S = BA : NA, d. h. die respektiven Bewegungen beider Gewichte C und S verhalten sich umgekehrt wie die Gewichte selbst. — Daraus folgt, dass, wenn die Korde in F und M festgestellt ist, das Gewicht C dieselbe um so mehr belastet, je weniger sie sich biegen kann." Diese Gesetze der Statik, die, wie

28

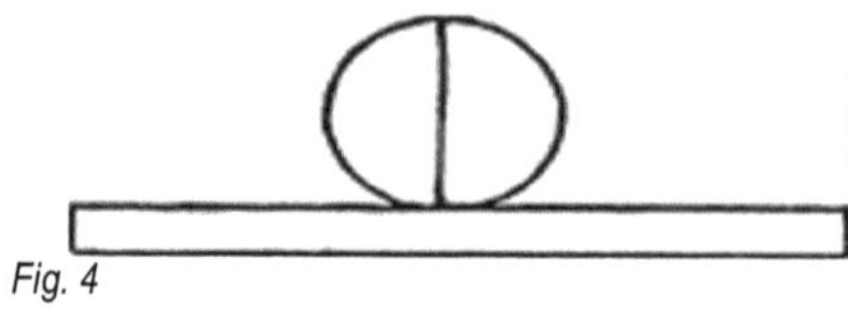

Fig. 4

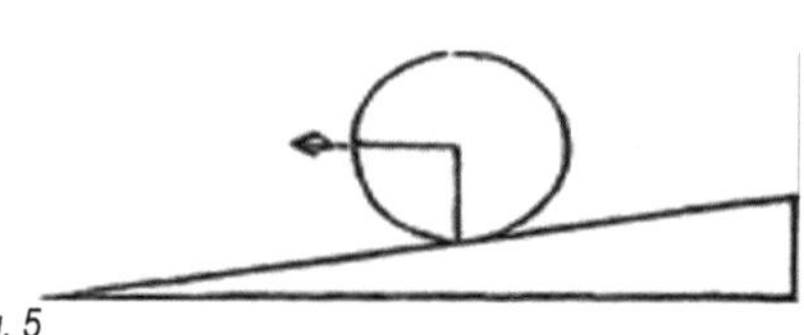

Fig. 5

man sieht, dem Leonardo vollkommen klar waren, erhalten in seinen Manuskripten zahlreiche Erweiterungen, die, wenn auch mit keinem speziellen Beweis versehen, zeigen, dass Leonardo das Gebiet durchaus beherrschte und von den einzelnen Gesetzen Anwendung zu machen wusste Das was seine Zeitgenossen noch mangelhaft zu präzisieren verstanden, und was noch Benedetti zaghaft Impetuosität nannte, finden wir bei Leonardo ganz klar betrachtet. Er hatte sich den Begriff „Kraft" gegenüber den „Bewegungen" der Körper fest formuliert, ganz und gar abweichend von den herrschenden Lehren des Aristoteles. In gleicher Weise sehen wir auch, dass Leonardo die ihm vollkommen geläufigen Hebelgesetze zur Erklärung der Rolle, der schiefen Ebene, des Keils anwendet. Die Erklärung für den Herabgang der Körper auf der schiefen Ebene, welche, wie wir gesehen haben, weder seinen Vorgängern noch Zeitgenossen gelungen und erst durch Stevinus mittelst der Hebelgesetze geführt wurde, ist von Leonardo in zweifacher Weise so gut gegeben als von dem Holländer. Eine direkte Erklärung (die bisher auch Libri und Venturi entgangen war) enthält der Ambrosianische Codex Atlanticus. Wir finden darin hinter einander die folgenden Figuren, mit kleinen Berechnungen daneben, welche nur Zahlen enthalten und füglich hier überflüssig sind. In der Figur 4 zeigt er den Körper auf horizontaler Ebene und die Schwerpunktlinie als Normale zur

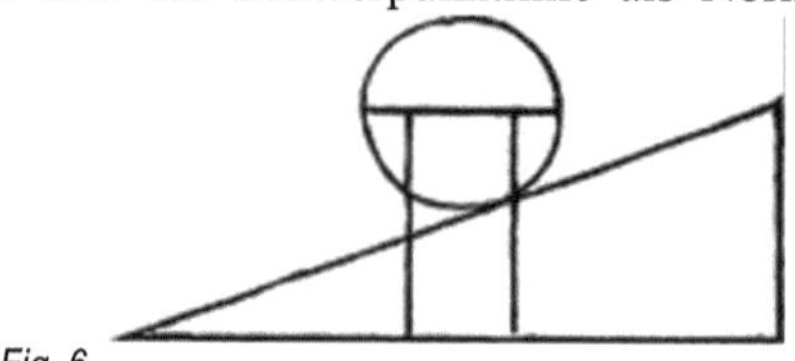

Fig. 6

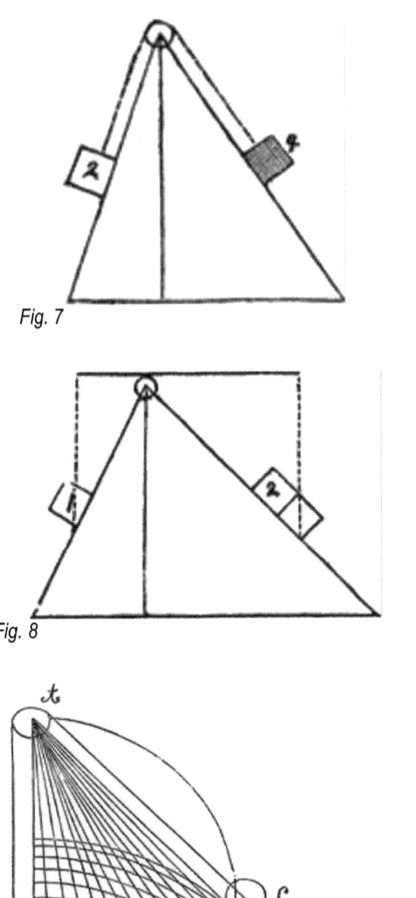

Fig. 7

Fig. 8

Fig. 8a.

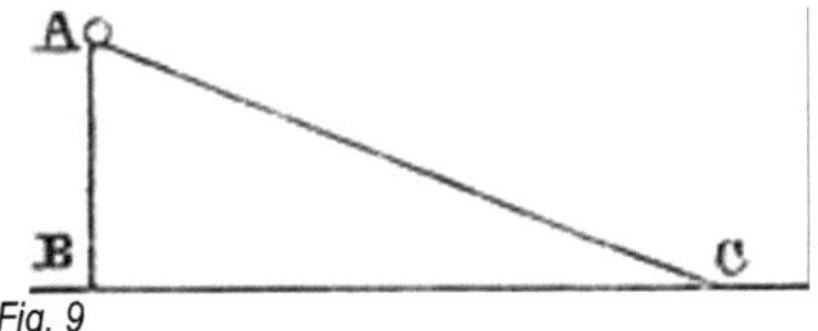

Fig. 9

winkel der schiefen Ebene in Betracht zieht. Es fehlen uns hierzu, wie bemerkt, die Worte des Leonardo, allein die vielfachen Variationen in der Darstellung des letzten Falles lassen wohl darauf schließen, dass Leonardo diese Beziehungen vollkommen verstand. Er geht dann weiter in der Betrachtung der schiefen Ebene und gibt uns in der Figur 7 und 8 Beweis davon, dass er die schiefe Ebene mit dem Hebel vergleicht und damit zu erklären versucht. Stevinus erläuterte die Grundeigenschaft der schiefen Ebene so, dass er eine Kette mit 14 gleich großen Kugeln in gleichen Zwischenräumen belastet sich dachte, welche über einen dachartigen dreiseitigen Balken mit horizontaler Basis hänge. Die zwei dachförmigen Seiten, die sich in den Längen wie 2 : 1 verhielten, trugen die eine 4, die andere 2 Kugeln. Stevinus zeigte, dass die Kette in dieser Lage in Ruhe verharren müsse, weil nämlich jede Bewegung derselben auf dieselbe Lage wieder zurück führen müsse; dass der andere mit den übrigen 8 Kugeln beladene Teil der Kette immerhin ganz weggenommen werden könnte, ohne das Gleichgewicht zu stören, und dass daher 4 Kugeln auf der längeren Fläche jene zwei auf der kürzeren ebenfalls im Gleichgewicht erhalten; d. h. dass die Gewichte sich wie die Längen dieser Flächen verhalten (Whewell II. p. 17). Dies zeigt nun Leonardo (also volle 80 Jahre früher) durch die einfache Zeichnung, so dass man wohl keinen besseren Beweis zu führen braucht.[10]

In Fig. 8a bemüht sich Leonardo, für zwei gleiche Gewichte die Gleichgewichtslage zu ermitteln, wenn A seine Lage nicht ändern soll, also an einem Tau senkrecht von der Rolle B herabhängt, C aber durch verschiedene schiefe Ebenen 1, 2, 3, 4 unterstützt wird. —

Aber auch die andere Weise der Beweisführung des Leonardo genügt vollkommen, wie er oben durch die schiefe Zugrichtung am Hebel geführt worden ist.

Leonardo schwang sich in seiner Anschauung sogar bis zur Bestimmung der Zeit des Herabganges empor und fand die Zeit des freien Falls des Kör-

Ebene. In der Figur 5 gibt er an, wie die Schwerpunktlinie nicht mehr normal zur Ebene steht und der Körper durch eine Kraft herabgetrieben wird. In der Figur 6 gibt er eine Andeutung, in welchem Verhältnis die Kraft, welche den Körper herabtreibt, zu der Kraft, welche ihn zurückhalten will, steht, indem er von den Mittelpunkten der Radien, die den horizontalen Durchmesser bilden, Senkrechte zur Grundebene zieht und die Relation in der Differenz der Höhen beider Perpendikel mit dem Neigungs-

Abb. 9: Großes Modell von Leonardos Vierflügler mit Getriebe für die Flügelbewegung.

Abb. 10: Einfacher Gleitsegler ohne Getriebe, den Gleitflug eines Vogels immitierend.

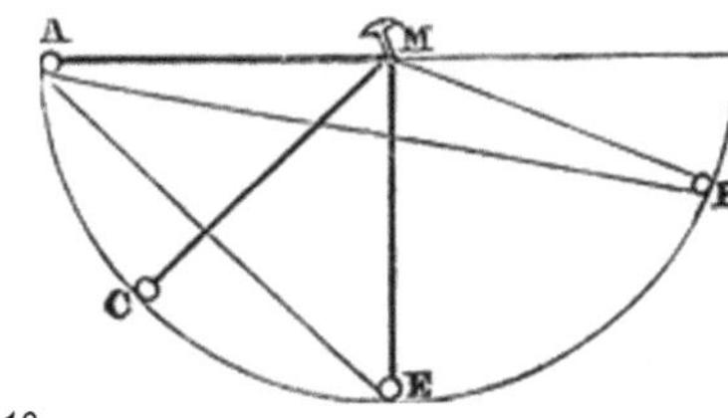

Fig. 10

pers von demselben Anfangspunkte im Verhältnis der Länge und Höhe der schiefen Ebene. Venturi gibt uns hierüber nach den Manuskripten in Paris (N. A. B.) folgende Darstellung und nähere Begründung.

„Der Herabgang des Körpers A (Fig. 9) auf der Linie AC hat im Vergleich zu dem Fall AB eine um so größere Zeit nötig, als AC länger ist als AB." Ferner sagt er: „Ein Körper A wird, nachdem er über CE herabgegangen ist, bis nach B hinaufsteigen mit derselben Schnelligkeit, wie ein gleicher Körper, der von A nach B auf der geraden Linie AB läuft." Im Codex B findet sich die Stelle: „Der schwere Körper A (Fig. 10) steigt schneller auf dem Kreisbogen ACE herab, als auf der Linie AE." Venturi weist in seiner Erklärung hierzu darauf hin, dass Vinci und später Galilei gefunden haben und festhielten, dass der Kreisbogen für den Fall der Körper der Weg des Minimums der Zeitdauer sei, während später gezeigt ward, dass dies die Zycloide sei. Allein Venturi meint, dass sich auch für den Kreisbogen dies Zeitminimum annehmen lasse, mit Hilfe der synthetischen Methode bestimmbar, nach folgendem Theorem:

Der Kreisbogen, welcher 60° nicht überschreitet, bewirkt im Vergleich zu allen anderen Kurven, welche man innerhalb zwischen den Endpunkten des Bogens ziehen kann, den schnellsten Herabgang desselben Körpers. Der Kreisbogen von 90° bewirkt im Vergleich zu allen anderen Kurven, welche man außerhalb zwischen den Endpunkten des Bogens ziehen kann, den schnellsten Herabgang desselben Körpers. Seien C (Fig. 11) der Mittelpunkt des Kreises, CF die Senkrechte zum Horizont EMF ein Bogen, welcher 60° nicht überschreitet, EqF eine andere beliebige Kurve innerhalb des Bogens EMF. Man ziehe Cm und schlage mit CQ den Bogen Qq, ferner AE, BQ, Dm parallel zum Horizont; man nehme aus AB, AD das arithmetische Mittel AX und das geometrische Mittel AZ, so hat statt AZ < AX, und es wird sich verhalten die Schnelligkeit bei M zu der bei A = AD : AZ. Nimmt man an, dass CD > 2 AD, so wird auch CD : BD > AD : XD und CD : CB < AD : AX und < AD : AZ, oder CD : CB = CM : CQ = Mm : Qq, somit Mm : AD < Qq : AZ < QI : AZ. Diese Verhältnisse geben die Zeit durch Mm an und die Zeit durch QI. Wenn nun die Zeiten beider Herabsteigungen in demselben Moment beginnen in E, so wird die Zeit des totalen Herabgehens auf EMF kürzer sein als die des totalen Herabsteigens auf EQF.

Für den zweiten Fall sei AMB (Fig. 12) der Kreisbogen von 90° und AQB für eine der möglichen Kurven außerhalb des Bogens, so hat man

Qq : Mm = CQ : CM = DQ : EM > √DQ : √EM

Also Qq : √DQ > Mm : √EM. Folglich ist die Zeit durch Qq ausgedrückt länger als die Zeit durch Mm ausgedrückt und folglich auch die durch die ganze Kurve resp. Bogen ausgedrückte Zeit. —

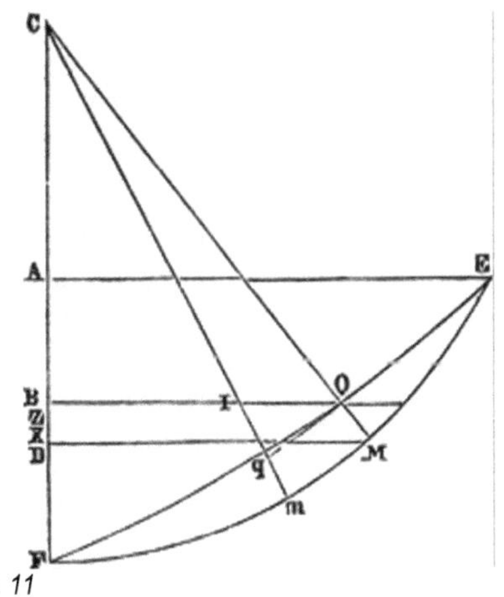

Fig. 11

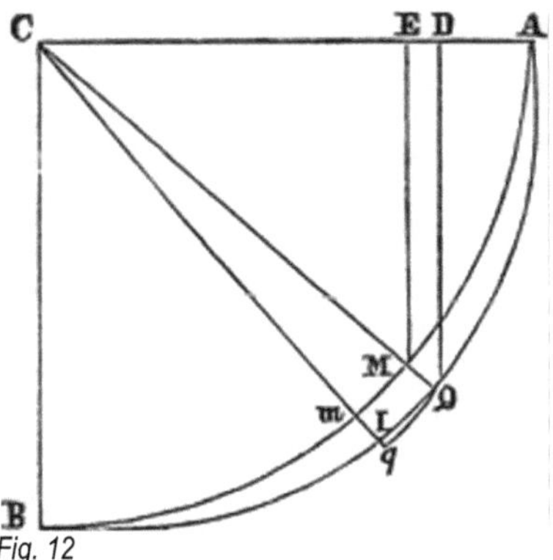

Fig. 12

31

Venturi will hiermit dartun, dass die Anschauungen des Leonardo sich noch jetzt verteidigen lassen. In der Tat aber ist der Scharfsinn des Leonardo
auch hierbei wieder zu bewundern, da ihm sicherlich die Ideen vorschwebten und nicht unklar waren,
denen später Galilei Ausdruck gegeben hat.

Hier anschließend müssen wir noch jene Stelle
des Leonardo zitieren (G. 55), in welcher er über
den Fall der schweren Körper abhandelt, und zwar
in Verbindung mit der Rotation der Erde. Wir bemerken vorweg, dass die allgemeine Annahme, dass
Kopernikus der erste gewesen sei, der eine Bewegung der Erde aussprach und zu beweisen suchte,
durchaus unrichtig ist. Vielmehr finden wir seit Pto-
lemaeus mehrfache Andeutungen hierüber. Die allmählich sich bahnbrechende Ansicht von der Kugelgestalt der Erde musste durchaus dazu führen,
dass diese Kugel irgend eine Bewegung habe. Gerade die Gegner solcher Theorien führen uns darauf
hin, dass man frühzeitig solche Ideen fasste Vor allem stand die Kugelgestalt der Erde bereits um 400
fest, denn der heil. Augustinus leugnet sie nicht,
ebenso wenig die späteren Schriftsteller. Aber die
Art der Sterne und ihre Befestigung, die Befestigung und Stellung der Erde, die Frage der Antipo-
den, — das waren Gründe zu heftigen Diskussio-
nen. Und wenn Lactantius sagt, er sei wahrhaft in
Verlegenheit, wie man solche Leute nennen solle,
die eine solche Torheit begingen, zu behaupten,
dass die Körper gegen den Mittelpunkt der Erde
hinfielen, so zeugt dies davon, dass die Philosophen
diesem frommen Mann des vierten Jahrhunderts
viel zu schaffen machten und ihn gewaltig mit den
Betrachtungen ärgerten, die er emphatisch für eitel
und nichtig erklärt hatte. Die Kugelgestalt und die
Anziehung der Erde war im 13. Jahrhundert bereits
etwas allgemein Bekanntes. Wir erinnern auch an
die interessante Stelle Dantes, Inferno XXXIV. 88
cf., wo er den Durchgang durch den Mittelpunkt der
Erde beschreibt. Im Anfang des 16. Jahrhunderts
war es Nicolas de Cusa, welcher die Drehung der
Erde theoretisch nachweisen wollte, aber in der me-
taphysischen Beweisführung stecken blieb.

Die Art und Weise, in welcher Leonardo die
Drehung der Erde in folgender (und in vielen andern) Stelle benutzt und gleichsam als etwas einfa-
ches und bekanntes voraussetzt, lässt uns wohl mit
Recht darauf schließen, dass diese Auffassung die
seiner Zeit war. Leonardo gibt uns aber in diesem
Falle eine mechanische Betrachtung über die Relation gleichzeitiger Bewegungen, — welche bisher
dem Gassendi zugeschrieben wurde, zufolge seiner
Abhandlung: de motu impresso a motore translato.
Später hat d'Alembert gezeigt, dass die senkrecht
gegen den Zenit emporgeworfenen Körper nicht auf
den Ort ihres Abganges zurückfielen, und erst später folgten die Versuche hierfür am Pisaer schiefen
Turm.

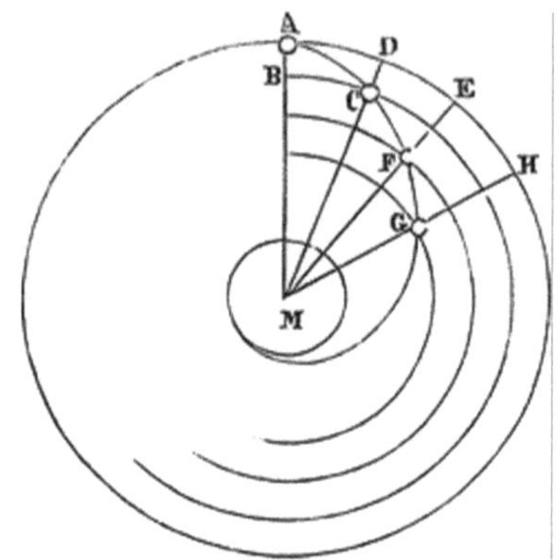

Fig. 13

Leonardo sagt: „Sei Fig. 13 A der Körper, welcher in den Elementen fällt, die er durcheilt, um
nach dem Mittelpunkt der Welt M zu kommen. Ich
sage, dass diese Last, herabsteigend in einer Spirale,
nicht aus der geraden Linie herausgehen wird, welche sie als Weg nach dem Mittelpunkt der Erde verfolgen muss Denn wenn der Körper von A ausgeht,
um nach B zu kommen, so wird, während er nach B
geht und in die Lage von C kommt, der Punkt A bei
Drehung in D ankommen; betrachtet man nun die
Lage des Körpers, so findet man, dass er noch immer in der geraden Linie sich befindet, welche (erst
A) jetzt D mit dem Mittelpunkt der Welt verbindet.
Wenn der Körper nach F weiter geht, wird zu gleicher Zeit der Punkt D nach E wandern. Während
des Herabsteigens von F nach G bringt die Drehung
E in die Lage von H. So steigt der Körper auf der
Erde herab, immer oberhalb des Ausgangspunkts.
Das ist eine zusammengesetzte Bewegung, sie ist zu
gleicher Zeit gradlinig und kurvenförmig. Sie ist
gradlinig, weil der Körper sich immer auf der kür-
zesten Linie befindet, welche sich ziehen lässt von
dem Ausgangspunkt der Bewegung nach dem Zentrum der Elemente. Sie ist kurvenförmig an sich und
in jedem Punkte des Weges. Daher wird ein von der
Höhe eines Turmes geworfener Stein nicht an die
Mauern des Turmes anschlagen, bis er die Erde erreicht." —

Obgleich ein Jahrtausende bekannter und angewendeter Mechanismus, hatte doch die Rolle seit Archimedes keinen Erklärer gefunden, der ihr Prinzip auf den Hebel zurückgeführt hätte. Auch hierher trat Stevinus (so weit bisher bekannt war) zuerst ein, und vor ihm hatte Ubaldus (1577) eine ähnliche Beweisführung versucht. Nun finden wir aber, dass Leonardo diese Zurückführung der Rolle auf das Prinzip des Hebels in leichtester Weise bewirkt und in dieser Anschauung lebt und webt. Wir haben ca. 50 Skizzen in den Manuskripten des Leonardo gefunden, die dies Verhältnis darlegen. In Fig. 14 gibt er in einfacher Weise das Verhältnis der bewegenden Kraft am Rad zu der zu überwindenden Last an der Welle, resp. umgekehrt, an. Er zeigt ferner an vielen Skizzen die verschiedenen Längen des kontinuierlichen Hebelarmes, die Relation der Lasten an denselben zur Kraft, er gibt eine große Anzahl von Apparaten an, bei welchen die Rolle als Hebel benutzt ist, und bestimmt ihre Verhältnisse. Er zeigt, wie die mechanische Wirksamkeit der Rolle durch Kombination mehrerer solcher sehr erhöht werden könne, und macht dies deutlich durch eine treffliche Skizze, in welcher, vom gleicharmigen Hebelarm ausgehend, gezeigt wird, wie durch Anfügung eines Rollensystems von sechs Rollen der eine Arm des Hebels gleichsam um so viel vergrößert, verlängert

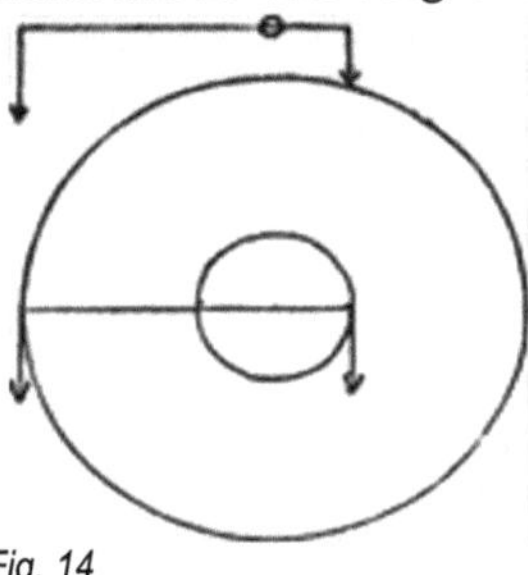

Fig. 14

wird, dass die Lasten an diesen Armen sich wie 1 : 4 verhalten. Von da kommt er zur Beleuchtung des Flaschenzuges. Es ist ja allbekannt und von Förster in seiner Bauzeitung noch speziell beschrieben, wie Leonardo ein Meister in Hebung schwerer Lasten bei Bauten etc. gewesen ist. Er konnte dies leisten, weil er die mechanischen Gesetze beherrschte.

In Fig. 15 berechnet Leonardo ein Wellrad zum Aufwinden, indem er dasselbe als ungleicharmigen Hebel darstellt und den Hebelarm, an welchem die Kraft angreift, in 19 Teile = dem Halbmesser der Welle teilt vom Befestigungspunkte an bis zum

Ende. Er findet so, dass eine Kraft gleich 20 einer Last gleich 400 im Stande sei die Waage zu halten. Für unsere Zeit freilich und bei der verhältnismäßigen Unkenntnis der Geschichte der Entwicklung der Mechanik ist es überraschend, dass diese einfachen

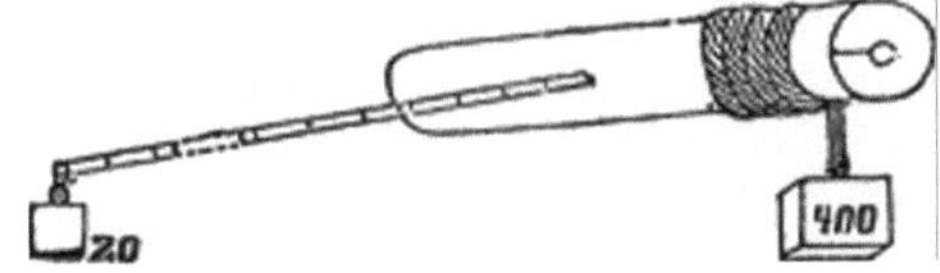

Fig. 15

Tatsachen zuerst von Leonardo wieder in ihrem natürlichen Zusammenhang dargestellt wurden, — seit Archimedes und Vitruv.[11] Dieser Erkenntnis des Leonardo haben wir aber auch seine in der Tat einzig für seine Zeit dastehenden Entwicklungen der Naturgesetze und die Konstruktion resp. Erfindung vielfältiger Mechanismen und Maschinen zu verdanken!

Betrachten wir nun die mechanischen Arbeiten des Leonardo weiter, so müssen wir zunächst folgende Stelle von pag. 185 des Codex N (Paris) anführen.

„Wenn man irgend eine Maschine gebraucht zum Bewegen schwerer Körper, so haben alle Teile der Maschine, welche eine gleiche Bewegung mit derjenigen des schweren Körpers haben, eine dem ganzen Gewicht des Körpers gleiche Belastung. Wenn der Teil, welcher der bewegende ist, in derselben Zeit mehr Bewegung äußert als der bewegte Körper, so hat er mehr Kraft als der bewegte Körper, und er wird sich um so viel schneller bewegen als der Körper selbst. Wenn der Teil, welcher der bewegende ist, weniger Schnelligkeit hat als der bewegte, so wird er um so viel weniger Kraft haben als der bewegte Körper." In diesen Worten liegt der Grundgedanke des Prinzips der virtuellen Geschwindigkeiten, dass bei jeder Maschine sich die Kräfte, die einander das Gleichgewicht halten, untereinander umgekehrt verhalten wie ihre virtuelle Geschwindigkeit. Dies Gesetz ist später von Ubaldi präzisiert und sodann von Galilei in seiner Abhandlung „Über die Wissenschaft der Mechanik" (1592) genauer auseinandergesetzt worden, so dass man bisher Galilei als den Urheber dieses Gesetzes betrachtete.

Über die Begriffe „Kraft", „Bewegung" u. s. w. äußert sich Leonardo wie folgt:

Abb. 11: Leonardo da Vinci entwarf einen Fallschirm, als er zwischen 1480 und 1483 in Mailand lebte.

34

a. „Kein sinnlich wahrnehmbares Ding kann sich von sich selbst bewegen, sondern seine Bewegung wird durch Anderes bewirkt." (Dieses Andere ist die Kraft, Forza.)

b. „Kraft ist eine unsichtbare (spirituale) Macht (potenza), unkörperlich und ungreifbar, welche die Ursache sein kann, dass die Körper durch zufällige Heftigkeit der Einwirkung den natürlichen Zustand der Ruhe aufgeben. Ich sage unsichtbar (spirituale), weil sie ein unsichtbares Dasein hat; ich sage unkörperlich und ungreifbar, weil sie nicht körperlich entsteht und weder in Form noch Gewicht wächst."

„Die materielle Bewegung wird bewirkt durch Gewicht und Kraft. Aber es ist eine andre Bewegung die, welche durch die Schwere bewirkt wird, und die, welche durch die Kraft entsteht, und die, welche durch ähnliches als die Kraft erwirkt wird."

d. „Wenn ein Körper durch eine Kraft (potenza) bewegt wird in gegebener Zeit und in einem solchen Raume, so wird dieselbe Kraft auch im Stande sein, ihn zu bewegen in der Hälfte der Zeit durch die Hälfte jenes Raumes, oder in zweimal soviel Zeit zweimal durch jenen Raum."

e. „Kein bewegter Körper kann sich schneller bewegen, als die Geschwindigkeit der Kraft, welche ihn bewegt, erlaubt."

f. „Jede Aktion erfordert Bewegung."

g. „Jeder Körper wiegt (péso) in der Richtung seiner Bewegung. (Inertia!)"

h. „Der frei fallende Körper erlangt in jedem Grade der Bewegung Grade der Beschleunigung."

i. „Der Stoß (percussione) ist eine Kraft, ausgeübt in kurzer Zeit."

k. „Jede Bewegung, welche durch Reflexion entstand, beendigt ihren Lauf auf der Linie der Incidenz. Die Incidenzbewegung hat eine größere Macht (potenza), als die reflektierte Bewegung. Das, was mehr Kraft hat, dauert länger als das, was weniger kräftig ist." —

l. „Es ist unmöglich, dass zwei Körper einer durch den andern hindurchgehen."

In allen diesen Sätzen, deren Zahl sich leicht vermehren ließe, gibt Leonardo den Beweis für die Schärfe seiner Auffassungskraft. Während er darin die Grundlagen für eine Darstellung der wichtigsten mechanischen Gesetze ausspricht, das Beharrungsvermögen, die Bewegung durch plötzliche Einwir-

kung und die Idee der Kraft, freiwillige und unfreiwillige Bewegung, gleichförmige Bewegung näher feststellt, gibt er in den letzten Sätzen mit klassisch kurzem Ausdruck unsere heutigen Ansichten wieder. Nur in dem Satz e unterläuft ihm die Aristotelische Anschauung ein wenig. Der Satz h ist dagegen eine bedeutungsvolle Andeutung des später von Galilei ausgesprochenen Gesetzes. Der Satz d spricht, wie Govi sehr richtig bemerkt, klar aus: Der durchlaufene Raum ist proportional der Zeit, für die gleichförmige Bewegung! —

Alle diese Sätze aber gehören wahrscheinlich den diversen Schriften des Leonardo an, die er selbst öfter zitiert, nämlich libro del moto, Trattato di percussione, Elementi macchinali, libro del impeto, libro di gravita u. A. Solche Schriften scheinen in Form von Leitfäden angelegt worden zu sein, nach §§ geordnet, auf die Leonardo dann in gewissen Fällen einfach hinweist. Z. B. Questa è manifesta per la dodicesima e provasi ancora per l'ottava, che dice etc. — In dem Londoner Manuskript des Leonardo ist eine Abhandlung Moto ondoso del mare enthalten. Auch hier die obigen Zitate, die sich auch auf eine vorhandene Zusammenstellung der hydrostatischen Gesetze beziehen.

Gegen die kontinuierliche Bewegung oder das Perpetuum mobile spricht sich Leonardo ganz entschieden aus.

In seinen Schriften sind häufige Stellen darüber und die Reihe der Zeichnungen dafür ist bedeutend. Alle die Ideen mit gefächerten Rädern und Kugeln, Kugeln an Armen, u. s. w. finden bereits bei Leonardo eingehende Beurteilung und Verurteilung, und bei einer dieser Zeichnungen, bei welcher Leonardo 32 Kugeln voraussetzte und ausführlich berechnet, findet sich das Wort „Satanasso" zugefügt, welches vielleicht der letzten Kugel gilt, deren Berechnung ebenfalls kein günstiges Resultat gab. Die Überzeugung von der Unmöglichkeit eines Perpetuum mobile und die Begründung dieser Überzeugung gibt der mechanischen Kenntnis des Leonardo besondere Bedeutung. Wie Govi auch richtig bemerkt hat, findet man bei Leonardo, ein Zeichen seines ernsten Strebens und seiner Aufrichtigkeit, häufig am Schluss von Rechnungen, Konstruktionen etc. die Worte: falso! oder non è desso! oder errato! — gleichzeitig allerdings für uns jetzt ein Mittel, ihn, den Schreiber selbst, richtig zu beurteilen Er schreibt: „Contro del moto perpetuo. Keine greifbare Sache bewegt sich von selbst; daher wenn sie sich bewegt durch eine ungleiche Kraft d. h. bei ungleicher Zeit oder Bewegung oder Schwere entweicht schnell der erste Antrieb, und plötzlich verliert sich auch das zweite (nämlich die Bewegung)." „Kein bewegtes Ding kann nach seinem Herabfall zur gleichen Höhe sich wieder emporheben, also hört die Bewegung auf." Leonardo zeigt dasselbe an der Hebung des Wassers und an vielen andern Beispielen. —

Leonardo ist bei Betrachtung der Bewegungsgesetze auf die Einflüsse der Reibung eingegangen, und zwar viel spezieller, als man glauben sollte. Seine Arbeiten hierüber sind aus Versuchen sicherlich hervorgegangen. Er hat die Reibung von Flächen bestimmt unter vielen Variationen, sodann die Zapfenreibung, und für beide Betrachtungen gibt er viele Skizzen. Er spricht zunächst allgemein sich so aus:

„Die Reibungen (confregazione) der Körper sind von so verschiedener Gewalt, als es Variationen der Schlüpfrigkeit der Körper, welche sich reiben können, gibt. Die Körper, welche mehr geglättet (pulita) sind auf der Oberfläche, haben eine leichtere Reibung. Körper von gleicher Schlüpfrigkeit (lubricita) haben kräftigere und schwerere Widerstände bei der Reibung. Jeder Körper widersteht bei der Reibung mit einem Vierteil seiner Schwere, vorausgesetzt eine glatte Ebene und polierte Oberfläche. Wenn ein polierter Körper eine polierte schiefe Ebene zu passieren hat mit dem Vierteil seiner Schwere, so ist er von selbst geneigt zur Bewegung auf dem Abhang. Die Reibung irgend eines Körpers mit verschiedenen Seitenflächen macht einen gleichen Widerstand, gleichviel auf welcher Seite er liegt, wenn es nur immer eine Ebene ist, wo er sich reibt." Leonardo spricht sodann über die Reibung der Räder und vergleicht sie mit unendlich kleinen und verminderten Schnitten, bei welchen nicht Reiben, sondern nur Berühren statthabe. Die Fol. 195 des Codex Atlanticus enthält Betrachtungen nebst Illustrationen über die Reibung der Körper auf Flächen und runder Körper in Lagern. Besonders scheint die Relation zwischen der Größe der Oberfläche und der Größe der Reibung der Gegenstand der Betrachtungen gewesen zu sein, die in gleicher Richtung angestellt waren, wie die Versuche Coulomb's, welcher später die Reibungsgesetze feststellte.

Eine wesentlich neue Betrachtung, für seine Zeit neu und fast einzig dastehend, wendete Leonardo da Vinci der Festigkeit der Körper zu und zugleich der für ihre Benutzung in gewissen Fällen notwendigen Haltbarkeit gegenüber den auf sie einwirkenden Kräften. So widmet er eine ausführliche und sehr eingehende Abhandlung der Festigkeit der Balken, und die Figuren, welche wir heute in unsern technischen Lehrbüchern zu finden gewohnt sind, um z. B. die relative Festigkeit und die absolute Festigkeit deutlich zu machen, sehen wir in großer Reichhaltigkeit bereits auf Leonardos Skizzenblättern. Dass für ihn als Baumeister und Wasserbauingenieur allerdings solche Bestimmungen nicht allein nahe lagen, sondern von ihm auch gern durchgeführt wurden, nimmt uns bei dem gründlichen Wesen des Leonardo nicht Wunder. Allein er untersuchte auch die Druckfestigkeit und Zugfestigkeit eben so eingehend und seine Resultate kommen unsern heutigen Annahmen sehr nahe.

Leonardos Berechnung über die notwendige Kraft zum Einschlagen von Nägeln, Bolzen u. s. w. und die daraus sich ergebende Stärke und beste Form derselben sind nicht minder beachtenswert Dieselben verbreiten sich sodann auf die Theorie des Keils. Bei Gelegenheit der Darstellung der Kanonenbohrerei berechnet Leonardo die benötigte Stärke der Achsen oder Zapfen am Lauf und bestimmt die vorteilhafteste Stelle, wo dieselben angebracht werden. Ähnliche Berechnungen führen ihn zur Konstruktion der Rammen und des Rammbärs, zur entsprechenden Form der Ketten und der Gliederketten, der Türangeln, und einer großen Anzahl anderer Details für Maschinenbau und Baukunst.

Leonardo war ein Talent, das durch und durch in der Mechanik wurzelte. So wie er der Mechanik oblag zum Zweck der Ermittelung der Naturgesetze, so wandte er sie an für die Malerei zur Ermittlung der natürlichen Verhältnisse und Formen und seine anatomischen Studien waren wesentlich mechanischer Art, denn für ihn waren Arme und Beine Hebel. Im 4. Kapitel seines Traktats von der Malerei handelt er hierüber genauer ab. Die Bewegung der Tiere und Menschen resp. deren Glieder erklärt er nach den Gesetzen der Statik und Mechanik in ungemein fasslicher Weise. Leonardo betrachtet zuerst den Zustand der Ruhe und erklärt: „Der Mangel an Bewegung eines jeglichen Tieres entspringt von der Entziehung der Ungleichheit, welche die einander entgegengesetzten Schweren haben, die sich auf ihr eigenes Gewicht stützen." „Die Bewegung kommt von dem Aufhören des Gleichgewichts oder von dessen Ungleichheit her." Aus diesen beiden Grundgesetzen entwickelte Leonardo nun eine Reihe Fälle. Er zeichnete gleichsam hierzu ein Skizzenbuch für den Fechtmeister Borri, worin er die einzelnen Stellungen rein mechanisch behandelte.

Ein wichtiger Beweis für seine eigenen Aussprüche über die Bedeutung der Mathematik und Mechanik liefert Leonardo selbst durch die Art und Weise, wie er die Gestalt der Ornamente geometrisch und mechanisch bestimmt. Im Codex Atlanticus sind eine Reihe Blätter allein diesem Gegenstande gewidmet, und es verdienten diese Blätter vor allem eine größere Verbreitung zum Nutzen unserer Kunstgewerbe.

---

[9] Whewell I. 59.

[10] *Man könnte, ohne die übrigen Deduktionen des Leonardo zu kennen, allerdings auch vermuten, als ob dem Leonardo vorschwebte, dass die Kräfte sich wie die Basislängen der schiefen Ebene verhielten. (G.)*

[11] *Es darf wohl nicht übersehen werden, dass der Hebel, die Rolle und der Flaschenzug den Griechen und Römern wohlbekannt blieben, sowie dass Vitruv (200 Jahre nach Archimedes) dieselben nicht nur beschrieb, sondern auch das Hebelgesetz ausdrücklich — mit Hinweis auf die in Aller Händen befindliche Schnellwaage — erweist. L. X. C. 7.*

Die Red.

Jedoch erstreckte sich dies nur auf die Eigenschaften des Hebels, der Rolle etc. nicht auf die Erklärung. Vitruv's Darstellung wurde erst wieder im 15. Jahrhundert anerkannt, gegenüber den Aristotelikern.

(Gr.)

VII.

Whewell sagt in seiner Geschichte der induktiven Wissenschaft Bd. I. p. 86: „Archimedes[12] legte nicht allein den Grundstein zur Statik der soliden Körper, sondern er löste auch das Fundamental-Problem der Hydrostatik glücklich auf. Diese Auflösung ist um so merkwürdiger, da das von ihm für die Hydrostatik aufgestellte Prinzip nicht nur bis zum Ende des Mittelalters unbenutzt blieb, sondern da es auch selbst dann, als es wieder aufgenommen wurde, so wenig klar eingesehen worden ist, dass man es nur das Hydrostatische Paradoxon nannte." Archimedes hatte den Satz des hydrostatischen Druckes, dass sich ein auf eine Flüssigkeit ausgeübter Druck in der Flüssigkeit nach allen Richtungen fort-

pflanzt, aufgestellt, allein nach den Annahmen der Geschichte bisher waren es Stevinus und Galilei zuerst, welche dies Gesetz wieder in seiner Klarheit begriffen und dasselbe zur Geltung brachten. In der Tat enthalten alle Schriften des Mittelalters bis dahin, verführt von der aristotelischen Dogmatik, nur ganz verworrene Auffassungen über das, was dies Gesetz mit absoluter Wahrheit vorstellt. Man lese nur des Cardanus Ideen hierüber, um sich von dem gänzlichen Abhandenkommen des Archimedischen Gesetzes zu überzeugen.

Von 1547 an wandte sich die Aufmerksamkeit der Hydrostatik und Hydrodynamik wieder zu, und Fr. Commandinus machte sich verdient durch Edition der Schriften des Hero und des Archimedes über diesen Gegenstand. Auch Baptist Porta edirte 1601 ein Werk Pneumaticorum libri tres, in welchem er auf Hero's Werk näher einging. Von da ab folgen Gasparis, Schottius, Bardius, Mersenne und Boyle's Hydrostatical paradoxes made out by new Experiments. Zuvor hatte Pascal 1653 seine Schrift vom Gleichgewicht der Flüssigkeit herausgegeben u. s. w.; Galilei's Schrift über die schwimmenden Körper 1612 fand bekanntlich heftige Gegner und sein Schüler Castelli hatte alle Hände voll zu tun, die Angriffe Colombe's, Vincenzio des Gracia u. a. abzuwehren. Alle diese Schriften sind also einer späteren Zeit, als in der Leonardo lebte, angehörig. Von Leonardo da Vinci haben wir bereits oben angeführt, welches Verdienst er sich als Wasserbau-Ingenieur um seine Zeit und sein Vaterland erworben hat, ein Verdienst, das heute noch in vollem Umfange besteht, und so fortwirken konnte, weil seine Bauten mit ungemeiner Schärfe projektiert waren und sorgsam durchdacht ausgeführt wurden. Der Adda-Kanal und vor allem der Kanal von Martesana im Veltlin mit seiner wunderbaren Bewässerungsmethode sind Meisterwerke für alle Zeiten. Aus der Trefflichkeit dieser Arbeiten lässt sich schon schließen, dass Leonardo nicht sowohl Herr über rationelle Benutzung des Wassers war, sondern dass er auch alle Eigenschaften dieses wichtigen Elements vom Grunde studiert hat. Bei seiner scharfen Auffassungsgabe konnte es nicht fehlen, dass er die Richtigkeit der Archimedischen Gesetze begriff und auf ihnen seine Projekte und Ausführungen basierte Wir können uns für die Begründung, dass dies in vollstem Maße geschehen und dass Leonardo dem Stevinus und Galilei weit zuvorgekommen ist, bescheiden, diese Nachweise haben bereits andere übernommen und geführt. Elia Lombardini hat dies

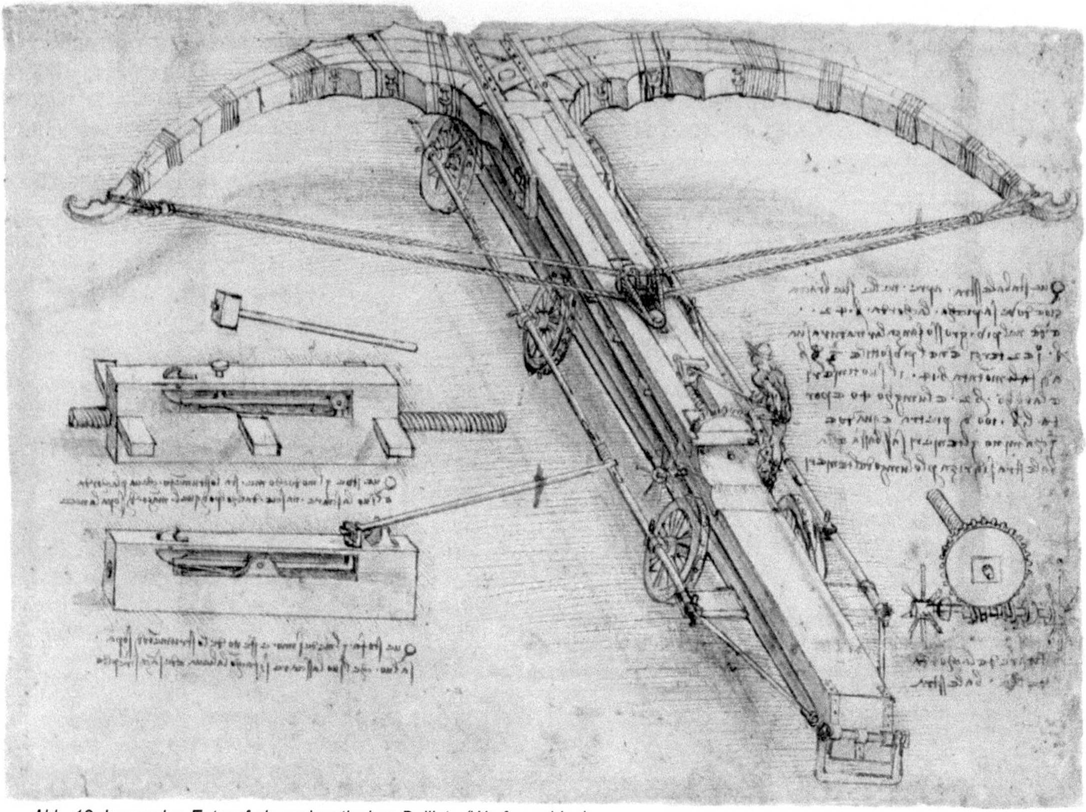

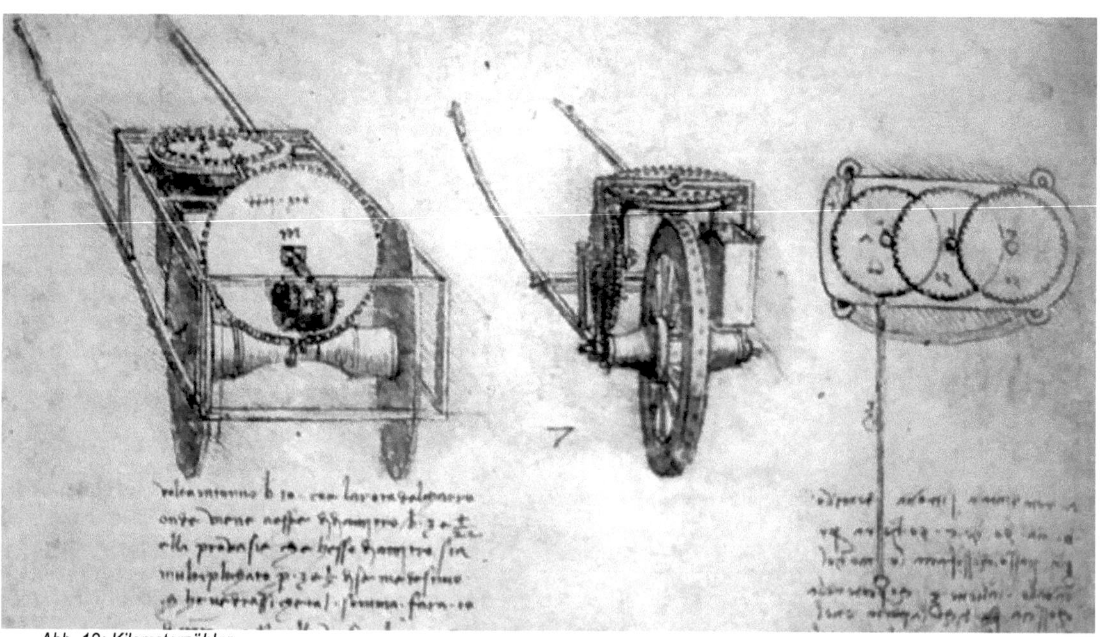

Abb. 12: Leonardos Entwurf einer gigantischen Balliste (Wurfmaschine).

Abb. 13: Kilometerzähler

gezeigt in seinen Osservazioni storico-critiche sopra dell' origine del progresso della scienza hydraulica nel Milanese ed in altre parte d'Italia und nennt den Leonardo da Vinci il fondatore della scienza hydraulica ebenso wie Cialdi ihn als il fondatore della dottrina sul moto ondoso del Mare bezeichnet. Ferner haben viele Autoren der Hydraulik und Hydrostatik auf die Arbeiten des Leonardo Rücksicht genommen und seinen Namen ehrenvoll genannt.

Allein darauf ist bisher nicht der gehörige Nachdruck gelegt, dass Leonardo ein ebenbürtiger Vorgänger des Stevinus und Galilei in Sachen der Hydrostatik gewesen ist — dies kann erst jetzt genauer nachgewiesen werden, wo aus Leonardo da Vinci's nachgelassenen Schriften Beweise dafür geschöpft werden, dass er auch hierin, wie in den vielen andern Gebieten der mechanischen Wissenschaften seiner Zeit voran war und fast auf der Höhe der Anschauungen dieser genannten Männer schon fast 100 Jahre vorher stand. Kein Zweifel ist, dass Leonardo[13] die Schriften des Archimedes gelesen hatte und dass er dessen Gesetze der Hydrostatik richtig erfasst hatte.

Seine Anschauungen über die molekulare Beschaffenheit des Wassers sind klar und deutlich. Er schildert diesen Zustand des Wassers mit absoluter Gewissheit bei verschiedenen Gelegenheiten, zumal bei der Entwicklung seines Gesetzes der Wellenbewegung. Er vergleicht die sich von Atom zu Atom übertragende Bewegung durch irgend einen Stoß auf die Wasserfläche mit einem Zittern und fürchtendem Zurückweichen. Ebenso genau fasste Leonardo da Vinci die Verdrängung eines Quantums Wassers durch einen daraufgelegten schweren Körper auf. Über die Gravitation des molekularen Wassers drückt sich Leonardo so aus:

la Lore gravita è dupla, cioé che il suo tutto ha gravità attesta al centro delli elementi; la seconda gravità attende al centro d'essa sfericità d'aqua.... ma di questa non veggo nell' humano ingegno modo di darne scienza, ma dire comé si dice della Calamita (Magnet) che tira il ferro, cioé che tal virtu é occulta proprietà, dellà quali n' è infinite in natura!

Wir haben hier den Satz mit Leonardos eigenen Worten wiedergegeben, welcher die klare Anschauung der Molekularattraktion und der Gravitation enthält, dabei von natürlicher Beobachtung ausgeht

und so schön die Unbegrenztheit dieser Naturkräfte ausspricht.

Fig. 16

Über die Verdampfung des Wassers und die Sättigung der Luft mit Feuchtigkeit lehrt Leonardo mit denselben Grundsätzen. Er weiß, dass Regen nicht statthaben kann ohne einen hohen Grad der Beladung der Luft mit Feuchtigkeit. Zur Ermittelung des Feuchtigkeitsgrades der Luft hat er eine Art Pluviometer konstruiert, den wir hier in Figur beibringen. Die eine der Kugeln ist mit Wachs die andere mit Baumwolle umhüllt, jene als Wasser abstoßend, diese als Wasser anziehend betrachtet.

Eine seiner bedeutendsten Beobachtungen ist aber das Gesetz der kommunizierenden Röhren, welches er so ausspricht: Le superfici di tutti i liquidi immobili li quali in fra loro fieno congiunti, sempre fieno d'eguale altezza! Zugleich zeigt er durch zahlreiche Skizzen im Codex Atlanticus auf Blatt 314 u. a., dass dies Gesetz durch keinerlei Formvariation der Gefäße beeinträchtigt werde. (S. F. 17.) Ebenso zeigt er die Heber in den verschiedensten Gestaltungen und in ihrer Gesetzmäßigkeit. Wir können nicht umhin, hier einzuschalten, dass Leonardo in der Figur bereits dasselbe tat, wie Pascal 1653 vorführte. Leonardo zeigt weiter, dass, wenn man zwei sich nicht mischende Flüssigkeiten in ein und dasselbe Gefäß gießt, z. B. Wasser und Quecksilber (ariento vivo), dieselben sich nach ihrem Gewicht anordnen, und zwar so, dass das Quecksilber unten bleibt, das Wasser darüber steht und dass (bei kommunizierenden Röhren) sich diese beiden Flüssigkeiten ins Gleichgewicht einstellen. Ferner erklärt Leonardo, dass die verschiedene Höhenanordnung eine Folge der verschiedenen Flüssigkeiten sei, und dass die Flüssigkeit den Höhen umgekehrt proportional sei. Hierher gehört auch der Ausspruch des Leonardo, dass das im Dampf vermittelst der Wärme aufgelockerte Wasser über die Oberfläche des kalten Wassers steige.

Fig. 17

Über den Ausfluss der Flüssigkeiten aus Gefäßen finden wir sehr viele Skizzen und Stellen bei Leonardo. Wenn Montucla den Castelli als „den Schöpfer eines neuen Zweiges der Hydraulik" nannte, weil derselbe in seinem Werk della missura dell' Acqua Corrente (1638) Vieles über den Ausfluss des Wassers beobachtet hat und festzustellen sucht, so muss dieser Annahme insofern widersprochen werden, als Castelli zunächst unrichtig annimmt, dass die Geschwindigkeit des Ausflusses sich wie die Tiefe der Öffnung unter dem Wasserspiegel verhält, sodann aber Leonardo bereits mehr als hundert Jahre vor ihm der richtigen Lösung dieses Gesetzes nahe war. Auch für den Heber gibt Leonardo genau an, dass sich die Ausflussgeschwindigkeit aus dem Heber richte nach der Differenz zwischen der freien Ausflussöffnung des unteren Schenkels und der Oberfläche der Flüssigkeit, in welche der andere Arm eintaucht. Er beobachtete, wie in einem Fass, wenn man im Boden ein kleines Loch bohre, die Wassersäule über demselben in Bewegung gerate, nicht aber an den Seiten, und dass bei einem in Rotation versetzten, mit Wasser gefüllten Gefäß das Wasser an den Wänden hinaufsteige, — eine Folge der Zentrifugalkraft. —

Er kommt auf das erstere Beispiel mehrere Male zurück (z. B. in F. 12), und zeigt: „dass je kleiner das Loch am Boden des Gefäßes sei, eine um so größere Kraft der Strudel gewinne. Die Höhle des Strudels ist gerader gegen den Boden gerichtet als gegen die Oberfläche des Wassers, weil das Wasser mehr Druck ausübt nach dem Grunde hin als nach der Oberfläche." — „Wenn sich das Wasser nicht über der Luft halten kann, — wie bildet es dann einen Strudel, so dass das Wasser selbst einen Wall um eine Höhlung bildet, welche nur Luft enthält? — Wir haben gezeigt, dass jeder schwere Körper sich ausbreitet zufolge der Schwere in dem Sinne, gegen welchen er sich bewegt. Daher sind die Strudel hohl wie die Pumpenrohre. Das Wasser, welches die Wandungen der Höhlung bildet, hält sich dort so lange, als die Rotation dauert, welche sie gebildet hat. Während dieser Zeit wiegt das Wasser in Rich-

tung seiner Bewegung. Die Partien, welche dem Zentrum der Bewegung näher sind, drehen sich mit mehr Schnelligkeit als die entfernteren. Dies Phänomen ist höchst eigentümlich; denn die Partien eines Rades, welches sich um seine Achse dreht, bewegen sich um so langsamer als sie dem Zentrum näher sind. Die Erscheinung beim Strudel ist also gerade umgekehrt. Wenn das nicht sein würde, müsste sich die Höhle mit Wasser ausfüllen. In dem Wasser, welches die Wandungen der Höhlung bildet, wirken zwei Gravitationen. Die eine bewirkt die Kreisbewegung des Wassers, die andere aber bildet die Wandungen der Höhlung, welche ihrerseits auf die Luft in der Höhlung drücken und den Strudel enden, indem sie in die Höhlung einstürzen."

Venturi, der diese Sätze kannte, legte sie seinen späteren Versuchen zu Grunde, die er 1797 veröffentlichte. Venturi ist entzückt über die klare Vorstellung des Leonardo und sagt:

„Enfin non-seulement Vinci avoit remarqué tout ce que Castelli a dit un siècle après lui sur le mouvement des eaux; le premier me paroît même dans cette partie supérieur de beaucoup à l'autre, que l'Italie cependant a regardé comme le fondateur de l'Hydraulique."

Was Venturi hier vor 86 Jahren ausspricht, ist heute durchaus anerkannt.

Die italienischen Autoren[14] haben Vinci die Palme in hydraulischen Dingen vor dem Castelli zuerkannt. Sie gebührt ihm indessen nicht allein der bisher berührten Gesetze wegen, sondern auch ganz besonders seiner trefflichen Theorie der Wellenbewegung des Meeres wegen, auf die wir nunmehr hier eingehen wollen. Wir folgen dabei der erschöpfenden Arbeit von Cialdi, betitelt: Leonardo da Vinci, fondatore della dottrina sul moto ondoso del Mare, welche mit Lust und Liebe den Nachweis führt, dass Leonardo der erste gewesen, welcher eine Wellentheorie aufstellte, und nicht Newton, de l'Emy, Montferrier und Laplace. Hat man sich in das Wesen der Arbeit und Betrachtungsweise des Leonardo eingearbeitet, so scheint es so naheliegend, dass sich dieser erste Hydrauliker von Bedeutung auch mit der Frage der Entstehung der Wellen des Meeres beschäftigt habe. Angefochten kann nach Cialdi's und Boccarde's Untersuchungen nicht mehr werden, dass Leonardo so viel früher das erste Fundament der hydraulischen Wissenschaft legte,

40

als die Arbeiten von Newton, la Hire, Laplace, Lagrange, Biot, Poisson, Cauchy erschienen. — Leonardo sagt:

„L'onda ha moto riflesso ed incidente; il moto riflesso è quello che si fa nella generazione dell' onda, dopo la percussione dell' obietto, risaltando ed elevandosi l'acqua verso l'aria, nel qual moto l'onda acquista la sua altezza etc. — Il moto incidente dell' onda é quello che fa l'onda dal colmo della sua altezza all' infimo della sua bassezza, quale non é causata da alcuna percussione, ma solo dalla gravita acquistata dall' acqua fuori del suo elemento etc.

Quanto più alte sono l'onde del mare dell ordinaria altezza, della superficie della sua acqua, tanto più bassi sono li fondi delle valli interposte infra esse onde. E questo è perché le gran cadute delle grandi onde fanno grandi concavità di valle. — La valle interposta infra le onde è più bassa che la comune superficie dell' acqua. Questa è manifesta per la passata, e l'esperienza ce lo dimostra, come si vede nell' acqua che ricade a riempire li luoghi percossi dalle cadute dell' acqua etc."

Ganz ähnlich erklärt Newton;[15] ganz ähnlich Giorgio Juan, Montferrier, l'Emy, Bertin. Letzterer erklärt: „Die absoluten Dimensionen der Wellen, seien es mittlere oder maximale, nach Breite oder Höhe, können nicht anders als durch die Erfahrung bestimmt werden, nicht allein weil die Hauptursache, von der diese Dimensionen abhängen, z. B. die Macht des Windes und die Dauer seiner Wirkung, selbst durch Erfahrung bestimmt werden müssen, sondern auch, weil man kein Mittel besitzt, den Effekt eines bestimmten Windes theoretisch zu bestimmen, für eine gegebene Zeitdauer seines Wehens über das Meer hin."[16]

Leonardo erklärt die Welle so: „Die Welle ist der Eindruck (die Folge) des Stoßes (percussione) reflektiert vom Wasser; sein Angriff (impeto) ist viel schneller als das Wasser. Daher flieht oftmals die Welle den Ort ihrer Entstehung, und das Wasser selbst bewegt sich nicht vom Platze. Die Ähnlichkeit der Wellen ist groß mit den Wellen, die der Wind in einem Kornfeld hervorbringt, welche man auch sieht über das Feld hineilen, ohne dass das Getreide (biade) sich vom Platze bewegt."

Eine Definition der Wellen kann nicht erschöpfender und klarer sein als diese, und infolgedessen ist auch die Ähnlichkeit der Erklärungen aller jüngeren Gelehrten (l'Emy, Sganzin, Reibell) mit derselben sehr groß. Fevre hat hier noch sogar das Beispiel des über ein Getreidefeld hinfahrenden Windes wieder gebraucht

Drei Jahrhunderte nach Leonardo erklärte Goimpy die Welle als eine horizontale Bewegung in den Wassermolekülen, welche dieselbe bilden. Er sucht dies durch Experimente und Spekulationen zu beweisen; allein umsonst. Tessan stellte sodann gegen alle bisher angenommene Theorie die Existenz einer horizontalen Bewegung in den Molekülen des Wassers auch ohne Einwirkung des Windes auf. Auch Leonardo hatte diese Ideen: „Oftmals geht die Welle schneller als der Wind, und oftmals ist der Wind schneller als die Welle. Das erfahren die Schiffe auf dem Meere in Wellen, die schneller sind als der Wind. Es kann dies herrühren davon, dass die Welle entstand von einem großen Wind, und nachdem der Wind leichter geworden, hat die Welle noch eine große Gewalt zurückbehalten. Das Wasser kann nicht so plötzlich seine Wellen in sich aufnehmen, weil beim Herabfallen des Wassers vom Gipfel zum Tal sich die Geschwindigkeit, die Kraft und Bewegung erneuert"

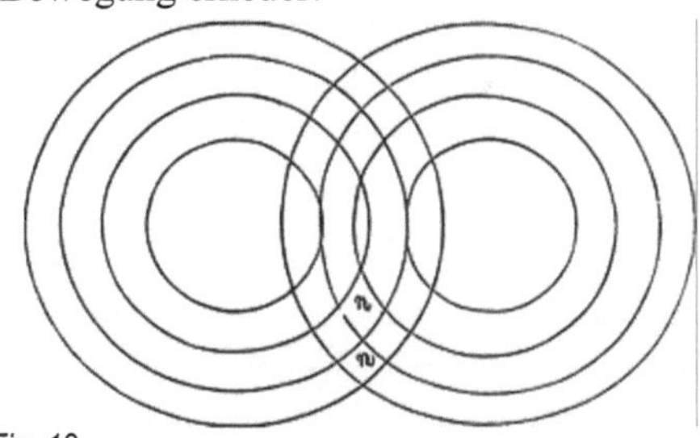

Fig. 18

Die Phänomene der Erscheinung von Wellen ohne oder mit direktem Antrieb durch Winde sind Gegenstand vieler Betrachtungen geworden von Reid, Redfield, Piddington, Blay, Dampier, Dumont d'Urville, Poterat, Keller, Zurcher, Gevry u. a., zumal jene Wellen, welche entstehen, ohne dass ein Windstrom bemerkbar.

Leonardo geht nun auf die Wellenbildung in Richtung gegen den natürlichen Strom des Wassers in Flüssen ein und spricht das aus, was Spätere wie-

Abb. 14: Instrument für Leonardos wissenschaftliche Studie über die Möglichkeit von Flügeln, Gewichte zu tragen. Das Modell besteht aus einer Basis, auf der sich ein Hebel und ein Flügel befinden, die durch eine Stange verbunden sind. Der Flügel besteht aus einem Schilfrahmen, der mit einer wasserdichten Leinwand bedeckt ist. In Leonardos Zeichnung aus den Jahren 1483 bis 1486 wird beschrieben, wie der spezifische Auftrieb eines Flügels gemessen wird. Der Hinweis unterstreicht die Bedeutung der Geschwindigkeit beim Absenken des Flügels.

Abb. 15: Bei dem Flugzeug handelt sich um eine der faszinierendsten Zusammenfassungen aller von Leonardo angestellten Flugstudien. Es besteht aus einem Rumpf bzw. einem Cockpit in Form eines Bootes, einer Art Nussschale, in der der Pilot stehen oder sitzen kann.- Der Rumpf ist ausgestattet mit einem Paar großer Fledermausflügeln und einem riesigen Schwanz. Die großen Flügel sind beweglich angebracht um den Vogelschlag zu imitieren. Das seltene Vorhandensein eines Schwanzes bezieht sich wahrscheinlich auf die Möglichkeit, die Flugstabilität, insbesondere während der Landephase, zu begünstigen und möglicherweise sogar als Ruder zu fungieren.

derholten (Sganzin und Reibell), dass die Welle nicht den natürlichen Lauf der Flüsse alteriere, obgleich sie sich gegen diese Flussrichtung bilden und bewegen könne. Er geht sodann ein auf die Entstehung der Wellen, wenn man einen Stein etc. in das Wasser werfe. Schon zuvor bemerkt er, dass zwei Wellen durcheinander hindurchgehen könnten. Der Fall der Wellenerregung durch das Einwerfen der Steine bietet dem Leonardo Gelegenheit zu einer äußerst klaren und durchaus richtigen Deduktion. Er zeigt dies auch graphisch für den Fall, dass zu gleicher Zeit in einer geeigneten Entfernung von einander zwei Steinchen von gleicher Größe in ein stillstehendes Wasser geworfen würden. Es entstehen dann zwei „separate quantità di circoli." Wenn diese Menge der Kreise wächst, so begegnen sich die einzelnen Kreise beider Systeme, und nun sagt Leonardo: „Domando, ich frage, ob, wenn ein Kreis im Anwachsen sich begegnet, mit dem entsprechenden andern Kreis, er eintritt in dessen Wellen sie durchschneidend, oder ob die betreffenden Berührungsschläge unter gleichen Winkeln reflektieren? Questo è bellissimo quesito, e sottile!" Darauf antwortet Leonardo selbst mit einer subtilen Auseinandersetzung, die beweist, dass sich die begegnenden Wellen durchschneiden. Hierbei gibt er eine wunderschöne Darstellung über die Entstehung der Wasserbewegung durch den einfallenden Stein, wie das Wasser anfangs durch den schweren Körper verdrängt wird, wie die Flüssigkeit die Öffnung wieder ausfüllt und dabei in Bewegung gerät,

„che si puo piuttosto dimandare tremore che movimento.

Man kann dies dadurch am besten zeigen, dass man einen Strohhalm (festuche) auf die Kreise wirft und beobachtet, wie derselbe fortwährend von der Wellenbildung bewegt wird, ohne den Ort zu ändern. So ist es auch mit dem Wasser der Wellen." Nun fährt er fort zu erklären, dass, indem alle benachbarten Teile der Flüssigkeit von dem Tremolando ergriffen werden, sich immer weitere Kreise ziehen, aber wie immer mehr die Kraft erlischt, bis sie aufhört zu wirken. Und nun knüpft Leonardo daran, dieses Beispiel auf die Luft und den Schall zu gebrauchen! und die große Konformität der Erscheinungen im Wasser mit denen in der Luft zu bezeichnen.

„Die Schallwellen in der Luft entfernen sich mit kreisförmiger Bewegung von dem Orte ihrer Entstehung, und ein Kreis begegnet und passiert den anderen, immer aber das Zentrum der Entstehung beibehaltend!" Diese Darstellungen (vide die bezüglichen §§ 162 und 170 in Eisenlohr's Lehrbuch der Physik (7. Aufl.) und Fig. 200[17]) stehen so vollkommen auf der Höhe unserer Zeit, dass die Interferenzlehre in der Tat durch Leonardo bereits präzisiert erscheint; wir bedienen uns noch desselben Beispiels. —

Leonardo stellt weiter den Satz auf: „dass die brandende (titubante) Welle eine solche ist, welche vom gegenseitigen Ufer reflektiert ist und welche in dieser Reflexion um so viel vermindert ist, sich mit sich selbst zusammengießt und die Kraft (impeto) verliert, welche sie bewegte." (Man sehe die späteren Gelehrten Emy, Sganzin, Reibell, Minard, Bazin.) Ferner: „Die reflektierte Bewegung der Welle auf dem Wasser verändert um so viel die reflektierte Bahn, als die Körper, welche die inzidente Bewegung empfangen, geneigte Flächen haben (varii obietti in obliquità)." Es ist das derselbe Lehrsatz, den wir auszusprechen pflegen: „Eine Welle wird unter demselben Winkel von einer ebenen Wand zurückgeworfen, unter welchem sie auffällt." Hierzu gehört: „Eine Welle ist nie allein, sondern gemischt aus so vielen Wellen, als aus der Unegalität des Körpers folgten, von welchem solche Welle kommt."

Mr. l'Emy schließt sich besonders eng an Leonardo an, ohne seinen Namen zu nennen, und kaum ist es glaublich, dass eine solche Gleichheit der Ansichten von selbst entstehe. Emy hat sowohl den vorstehenden Satz zum Gegenstande besonderer Abhandlung gemacht, als auch folgenden, — den auch Frissard anführt. Leonardo zeigt darin, dass die Wellen von der Oberfläche des Wassers in verschiedener Weise in demselben Wasser, zur selben Zeit und mit verschiedener Gestalt entstehen können. Ferner: „Die Welle des Meeres bricht gegen das Wasser, welches vom Ufer zurückgeworfen ist, und nicht gegen den Wind, welcher es tanzen macht. Der Eindruck von Bewegung im Wasser durch Wasser ist permanenter, als der Eindruck des Wassers von der Luft."

Wir führen nun die Stellen an, von denen Calvi sagt: dass, wenn Leonardo jene Lampe gesehen haben würde, die den Galilei auf die Pendelgesetze hinwies, er gewiss die Ähnlichkeit der Schwingungen mit der Wellenbewegung gesehen haben würde. Er sagt: „Der Beginn der Welle bei der inzidenten Bewegung ist schneller und das Ende der reflektierten Bewegung langsam. Die inzidente Bewegung ist kräftiger als die reflektierte Die Bewegung des Tals der Welle ist schneller, aber ihr Berg langsam. Daraus folgt, dass das Tal die inzidente und der Berg die reflektierte Bewegung ist. Die Welle wird sich um so mehr bewegen, als sie sich bewegt, um so mehr sich ausbreiten, als sie geschwinder ist. Denn die Welle entsteht durch die Reflexion, und die reflektierte Bewegung endigt in der Linie der Inzidenz. Die Welle hat Zeit sich zu vertiefen und auszubreiten, wenn sie übergeht von der Reflexion zur Inzidenz, und empfängt um so viel mehr Geschwindigkeit, als die Bewegung der Inzidenz kräftiger ist als die reflektierte" Hieran schließen sich noch eine Reihe Betrachtungen über die Bewegung zweier gleicher oder ungleicher Wellen u. s. w., Gesetze, welche später von Mr. l'Emy u. A. weiter ausgeführt sind, ohne mehr zu sagen, als Leonardo gibt. Vinci zeigt schließlich noch das Spiel der Wellen am Ufer, wie keine Welle die letzte sei, sondern immer die vorletzte auf sie heranrücke u. s. w., wie ferner die Wellen die mitgeführten Körper sortieren und in Reihen anhäufen. Die inzidente Wellenbewegung bewegt die größeren Steine, und die reflektierte ist nicht im Stande, dieselben zurückzuziehen, wohl aber folgen die kleineren Dinge den letzteren und der Sand ist der Spielball der beiden Bewegungen. Wir wollen Leonardos eigene Worte über die Arbeit der Wellen folgen lassen:

„Il moto che il mobile riceve è quando veloce, quando tardo, e quando si volta a destra e quando a sinistra ora in su, ora in giù rivoltandosi, e girando in se medesimo ora per un verso, ora per un altro obbendendo a tutti i suoi motori e nelle battaglie fatte da tali motori sempre ne va per preda del vincitore!" — —

Wir führen endlich zum Schluss dieses Abschnitts noch an, dass Leonardo die Idee der artesischen Brunnen ausführte und dazu einen Erdbohrer konstruierte, Trivella per forar pozzi alla Modenese, welcher in den Manuskripten erhalten ist und den wir hier zufügen. Ferner hat Leonardo sehr viel hydraulische Maschinen, Pumpen, Wasserräder, Wasserpressen, Schnecken etc. etc. konstruiert und nebst seinen trefflichen Kanal- und Schleusenskizzen uns nachgelassen.

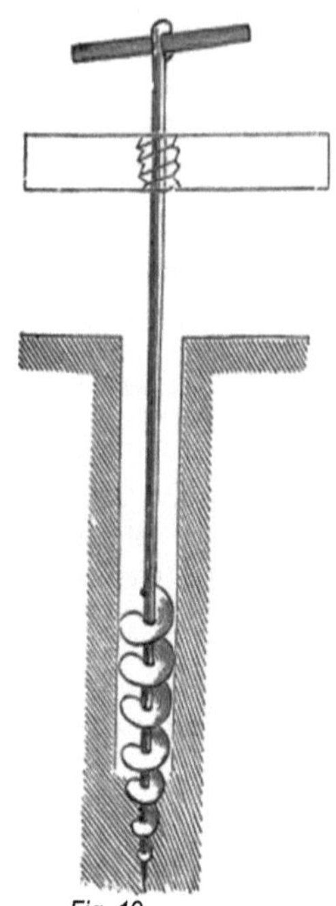

Fig. 19

Davon im späteren Abschnitt „Maschinen" soweit es die effektiven Konstruktionen betrifft.

Leonardo war bei seinen praktischen Ingenieurarbeiten für die Hydraulik gezwungen, die Wassermassen für Ab- und Zufluss zu berechnen; er tat dies in einer Weise, die auch heute noch genügen könnte. Er stellte 14 Bedingungen auf, nach welchen sich die Ausflussmenge eines Kanals richtet. Er berücksichtigt dabei sowohl die Form und Oberfläche der Kanäle, Rohre etc., als die Richtung, den Querschnitt der Mündung u. s. w., endlich auch die Rolle der Luft dabei. Drastisch bemerkt er: „Sowie ein Strumpf (calze), welcher das Bein bekleidet, nicht mehr dessen Aussehen verrät, so zeigt auch die Oberfläche des Wassers nichts von der Beschaffenheit des Bodens im Kanal."

---

[12] Archimedes, περι των εχουμενων. ed. David Rivaltus

[13] Er zitierte Archimedes öfter.

[14] Es ist ein großer Mangel, dass z. B. Ewbank in seinem „Descr. and histor. account of Hydraulic and other machines for raising water" nichts von Leonardo da Vinci kennt, während er Venturi's Arbeiten zitiert

[15] Newton, Mathemat. Prinzipien. Von Prof. Dr. Wolfers, Berlin, Oppenheim 1872. pag. 360.

44

VIII.

Leonardos Ideen über die Luft waren ebenfalls die klarsten. Er hatte gefunden, dass die Luft ein Körper aus mehreren Bestandteilen komponiert sei, der Gewicht habe und Elastizität und aus Molekülen bestehe. Er fand, dass Körper in ungleich dichter Luft ungleiches Gewicht hatten. Er erkannte die Zusammendrückbarkeit der Luft und vergleicht dieselbe einem Federkissen, das der Schläfer zusammenpresse. Er spricht aus, dass, wenn irgend eine Kraft einen Gegenstand in Bewegung setze, schneller als die Luft ausweichen könne, so entstehe eine Kompression der Luft. Wie nahe war Leonardo den Entdeckungen des Toricelli, Galilei u. s. w. Vielleicht auch hat er, der das Gleichgewicht der flüssigen Körper so gründlich studiert und dargestellt hat, auch bezüglich der Luft gleiche Grundanschauungen gehabt, zumal, wie wir gesehen haben, er oftmals darauf hinweist, wie sich die Gesetze für das Wasser zur Luft verhalten, und weil er sich so hoch in seinen Ideen emporschwingen konnte, den Schall und das Licht auf die Wellenbewegung zurückzuführen. Vielleicht auch finden wir später noch in seinen zahlreichen Manuskripten diesbezügliche Stellen. —

Hier wollen wir darüber des näheren berichten, dass Leonardo über die Rolle der Luft bei der Verbrennung vollkommen klar war und mit uns in seinen Anschauungen auf gleichem Boden stand.

In dem Mailänder Codex handelt Leonardo ab über die Flamme und die Luft. — Betrachten wir zuerst die Anschauung der ihm folgenden Zeit, so finden wir, dass allgemein angenommen ward, dass die Luft bei der Verbrennung nur dazu diene, um die Hitze an dem Brennstoff zu konzentrieren, und dieser Ansicht huldigten die Physiker mit Musschembroek, der dieselbe besonders ausgesprochen hatte, allgemein. Erst 1623 sprach Roger Bacon in seinem Novum Organon aus, dass die Luft die Ernährerin der Flamme sei, und Robert Boyle bewies dies experimentell 1672. Auch Descartes hat 1644 in seinen Prinzipien der Philosophie IV. § 95 cf.

Fig. 20

speziell über den Vorgang des Brennens einer Kerze abgehandelt; aber indem er sich bestrebte, den Vorgang mit Hilfe seiner Wirbeltheorie zu erklären, kam er auf die Idee, dass die Luft von den nach oben strebenden losgelösten Dochtteilchen und dem Rauch H nach unten gestoßen würde und bei F und K an die Flamme heranträte. Hätte nicht jene Theorie dem Descartes die Augen verschlossen, so würde er seinen Satz: „Diese Luft umspielt die Spitze der Kerze B und den Grund des Dochtes F und dient, indem sie zur Flamme tritt, zu deren Ernährung. Sie würde jedoch bei der Dünne ihrer Teilchen dazu nicht hinreichen, wenn sie nicht viele Wachsteilchen, welche die Hitze des Feuers bewegt, durch den Docht mitnähme. So muss die Flamme stetig erneuert werden, um nicht zu verlöschen" — wohl in anderer Weise vollendet haben, der in der Tat zeigt, dass Descartes wohl wusste, dass die Luft die Ernährerin der Flamme sei. — Stahl vernichtete später auch diese schon besseren Anschauungen, und erst Lavoisier war es aufbehalten, die Boyle'schen Anschauungen wieder hervorzuholen und zur Geltung zu bringen. — Nun höre man Leonardo über denselben Gegenstand:

„Wo eine Flamme entsteht, da erzeugt sich ein Windstrom um sie; dieser Luftstrom dient dazu, sie zu erhalten, die Flamme zu vergrößern. Ein stärkerer Luftstrom dient dazu, die Flamme leuchtender zu machen. Das Feuer zerstört ohne Unterlass die Luft, welche sie ernährt, es stellt ein Vakuum her,

Abb. 16: Getriebe: Modell aus einem von Leonardo da Vinci entworfenen Mechanismus (Codex Atlanticus, f.27). Ein Kegelritzel kämmt mit Kettenrädern unterschiedlichen Durchmessers in einem System, das den Getrieben heutiger Fahrzeuge ähnelt.

Abb. 17: Das Modell rekonstruiert einen Teil einer Versuchsbank für Leonardos Reibungsexperimente. **Leonardo zählt zu den ersten, die systematisch die Reibung (im Zusammenspiel) untersuchten und deren Bedeutung für das Funktionieren von Maschinen erkannten.** *Leonardo unterscheidet Gleit- oder Gleitreibung von Rollreibung. Er untersuchte die Reibung von Achsen und experimentierte mit ihrem Verhalten entsprechend der Art und Form des Kontakts mit Materialien oder der Einführung von Schmiermitteln und Rollen- bzw. Kugellagern.*

wenn andere Luft nicht herströmen kann, dasselbe auszufüllen!" —

„Sobald die Luft nicht in dem geeigneten Zustand sich befindet, die Flamme zu erhalten, kann in derselben so wenig irgend ein Geschöpf der Erde noch der Luft leben als die Flamme. Kein Tier kann leben in einem Orte, wo die Flamme nicht lebt."

„In dem Zentrum der Flamme eines Lichtes bildet sich ein Rauchkern, weil die Luft, welche in die Komposition der Flamme eintritt, nicht bis zur Mitte vordringen kann. Sie gelangt an die Oberfläche der Flamme, sie kondensiert sich dort; indem sie Nahrung für die Flamme wird, formt sie sich in sie um und lässt einen leeren Raum übrig, welcher sich sukzessive mit anderer Luft füllt."

An einer anderen Stelle sagt Leonardo:

„Es kann eine Flamme nicht leben, wo nicht leben kann ein atmendes Tier Die Flamme erzeugt ein Vakuum, und die Luft eilt herbei, solches Vakuum zu ersetzen. Das Feuerelement verzehrt unablässig die Luft zu dem Teil, welcher sie nährt (nutrica), und es wird ein Vakuum sich bilden, wenn nicht neue Luft herbeiströmt, dieses auszufüllen. Der Rauch bildet sich in der Mitte der Kerzenflamme. Die Flamme disponiert zuerst die Materie, welche sie ernähren kann, und kann sich dann davon ernähren. Ein übermäßiger Wind tötet die Flamme, ein mäßiger ernährt sie."

Diese klaren und deutlichen Erklärungen sind in der Tat staunenswert! Ist es nicht klar, dass Vinci die Eigenschaften der Luft kannte und aus Experimenten sicher war über die Rolle der Luft bei der Verbrennung? Wenn wir an den einzelnen Sätzen nur anstatt der Luft, Sauerstoff der Luft setzen — so haben wir unsere heutige, von der Wissenschaft anerkannte Erklärung. Ja, aus dem zweiten Satze, wo er von einem „geeigneten Zustand" der Luft redet, können wir herauslesen, dass Leonardo eine Ansicht über den zusammengesetzten Bestand der Luft hatte. Bedenken wir, dass die Chemie so weit zurück war in ihrer Entwickelung, dass ja an eine Zusammensetzung der Luft erst mehr als 250 Jahre später gedacht ward und dann ihre Bestandteile nachgewiesen wurden, so können wir uns keine klarere Anschauungsweise und keinen bestimmteren Begriff denken über die Luft in ihrem Verhältnis zur Verbrennung, als Leonardo hier gegeben hat. Er hat diese Lehre auch in anderen Manuskripten weiter beleuchtet und durchdacht und gibt (in Vol. C. Ambrosiana) Abbildungen, um die Rolle des Luftstroms analog dem dritten Passus seiner obigen Erklärung klar zu machen. In Fig. 22 zeigt Leonardo den entstehenden Zusammenstoß zweier Flammen und markiert dabei die Punkte deutlich, wo eine Verbrennung nicht stattfindet. Eine Vergleichung dieser Figur mit der obigen von Descartes gegebenen (der wir die Pfeile entsprechend seiner Darstellung zufügten), zeigt, dass da Vinci's Ansicht der des Descartes etwa entgegengesetzt ist.

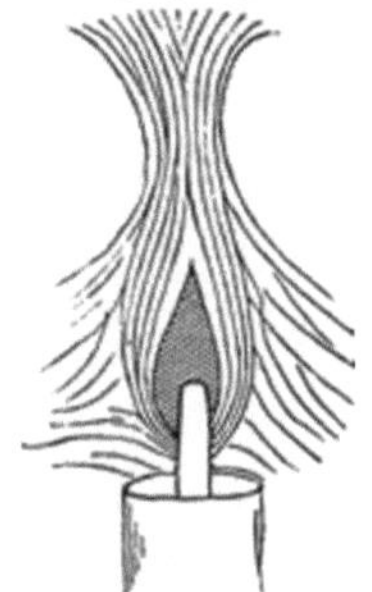

Fig. 21

Fig. 22

Fig. 23

Höchst interessant ist aber, dass Leonardo da Vinci in seinen Versuchen, die Lichtstärke zu erhöhen, auf die Entdeckung der Lampenzylinder und Lampenglocken gekommen ist, welche man dem berüchtigten Lange (1784) zuschreibt (dem unberechtigten Fabrikanten der Argandlampe, Quinquet)

Fig. 24

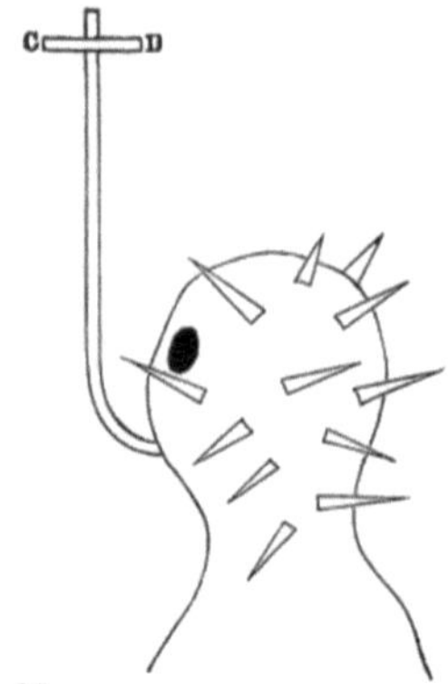

Fig. 25

und dem Philippe de Girard 1804. Leonardo setzt die Wirksamkeit eines Zylinders auseinander, indem er sagt, dass der Zylinder der Flamme Gelegenheit gebe, zu exhalieren und sich zu ernähren. Das Ausgestoßene (esalmento) bewegt sich dann in der Mitte nach oben, während die nahrungsgebende Luft von den Seiten und von unten her zuströmt. Leonardo gibt auf fol. 79 C. A. und auf anderen Blättern mehrere Ideen zur Sache, bis er in dem vollständigen Entwurf einer Lampe mit Zylinderöffnung das Gewünschte (Fig. 23, 24) erreicht. Merkwürdigerweise schreibt er auf die beiden Hälften der Glocke aqua aqua, weil er die Glocke und Zylinder als einen Körper betrachten will, dessen hohler Raum mit Wasser erfüllt ist. Leonardo gibt auch ein Rezept, um diese Glocken zu fabrizieren *(fare questa palla). Questa palla, essendo di vetro sottile e plena d'acqua, renderà gran lume!* —

Die Eigenschaften der Luft wendete Leonardo auch an bei dem von ihm erfundenen Schwimmgürtel, und bei dem Helm für den Perlentaucher setzt er das Innere desselben mit der äußeren Luft durch einen Schlauch in Verbindung, dessen Ende auf der Oberfläche des Wassers mittelst eines Brettes schwimmt (Fig. 25 s. umstehend). Hervorragend und auf Kenntnis der Eigenschaften der Luft basiert sind die zahlreichen Versuche und Betrachtungen, welche Leonardo anstellte über den Flug der Vögel und die Luftschifffahrt. Es scheint dies ein Lieblingsthema für ihn gewesen zu sein. Wir haben im Codex Atlanticus allein an 100 Skizzen für diese Ermittlungen gefunden; viele stehen in den Pariser Bänden, mehrere in den Londoner. Die Zeit, in welche hauptsächlich diese Betrachtungen fallen, ist die seines Aufenthaltes in Rom 1514, als Leonardo es nicht über sich gewinnen konnte, für Leo X. ein Gemälde zu malen, und unter allerlei Ausflüchten den päpstlichen Auftrag hinhielt, — als Leonardo ferner in Rom gesehen, dass neben ihm die Giganten der Kunst Michel Angelo und Raphael erschienen und mächtig geworden waren. Eine Art mutloser Träumerei hatte ihn beschlichen; mutvoll war er niemals

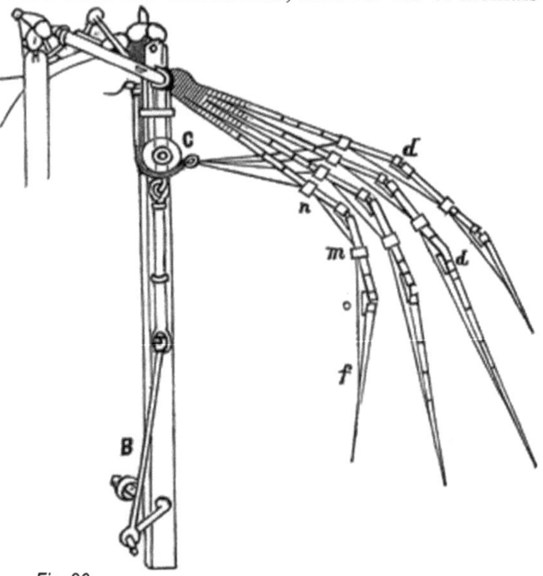

Fig. 26

und zufrieden mit seinen Werken noch weniger. So trieb er denn damals seine Scherze mit Flugversuchen und setzte das Publikum in Erstaunen mit seinen fliegenden Wachsfiguren. (Vasari erzählt auch von einer Eidechse, die Leonardo mit Flügeln ausstattete und großen Augen, einem Bart und Hörnern, alles beweglich durch Belastung mit Quecksilber bei Bewegungen des Tieres — und die er in einer Büchse mit sich herumtrug.) Aber der Kern zu diesen Versuchen war wieder ein hochernster, denn Leonardo ging in rationellster Weise zu Werke, die Umstände zu ergründen, welche die Flugfähigkeit ermöglichen. Er war der Erste auf dieser Bahn, die nur Roger Baco vor ihm spekulativ und auf Grund seiner Anschauungen über das Wesen der Luft betreten hatte. Rührend erzählt uns Leonardo, wie schon in seiner Knabenzeit ihn die Vögel erfreut haben, wie ein Geier (Nibbio) ihm schon in der Wiege einen Besuch gemacht habe. Schon in Florenz kaufte Leonardo Vögel, um ihnen die Freiheit wieder zu schenken, und so auch sah man ihn, wie Vasari erzählt, in Rom oft mit Bauern und Käfigen beladen, die er für teures Geld zusammengekauft, dem Tore zueilen, um die gefangenen Vögel frei zu machen. Mit diesem großen und warmen Herzen für die Tiere verband er aber eine Teilnahme an der Art ihres Lebens, so auch an ihrem Fluge. Dazu trieb er die Anatomie des Vogelkörpers und zumal der Flugorgane so eingehend, wie es zu seiner Zeit wohl kaum jemand getan haben mochte. Aus diesen Studien gingen dann seine Entwürfe von Flügeln hervor, die, stark genug konstruiert, einen Menschen heben könnten. Wir geben aus solchen Studien die obenstehende Figur 26 wieder. Man sieht die sorgsame Gliederung der 5 einzelnen Finger-ähnlichen Extremitäten mit Gelenken o r und den Bändern m n, welche gleichsam die Sehnen von f an führen und vereinigt an einem Muskelhebel, hier die Scheibe C, o mit Seil. Die Bewegungen der Finger bewirken die Mechanismen einmal bei A, wo die Hand der Finger mit Scharnieren befestigt ist und ihren stützenden Punkt erhält, den Drehpunkt des Hebels, den Hand und Finger bilden, — sodann bei B, wo eine Schubstange mittels Kurbel und Pleuelstange den Arm dieser Flughand auf und nieder bewegt, wobei die Scheibe C empor geht und die Sehnen frei lässt, so dass die Federgürtung d der Finger wirken kann und diese gerade gestreckt werden. Beim Herabzug aber wird die Luft von den gewölbeartig sich rundenden Fingern festgehalten und am Ausweichen gehindert. Wie kann man diese Momente des Fluges besser erfassen und zur Ausführung bringen? Leonardo projektierte zugleich, die Finger mit weichen Federn zu bekleiden. Unablässig suchte er nach Verbesserung solcher Kombinationen und stellte

auch Versuche für ihre Bewährungen an. Eine Figur (auf Fol. 372 C. A.) lehrt uns eine geistreiche Ermittlung des Einflusses des Flügels kennen, den der für einen Menschen konstruierte Flügel auf die Minderung des Gewichtes des Menschen hat, wenn er von diesem bewegt wird. Leonardo macht sich ganz klar, welches Gewicht Mensch und Apparat haben, und vergleicht damit das Luftgewicht. Aus diesen Betrachtungen ist denn auch seine Erfindung[18] des Fallschirmes hervorgegangen (Fig. 27), welche er mit den Worten begleitet:

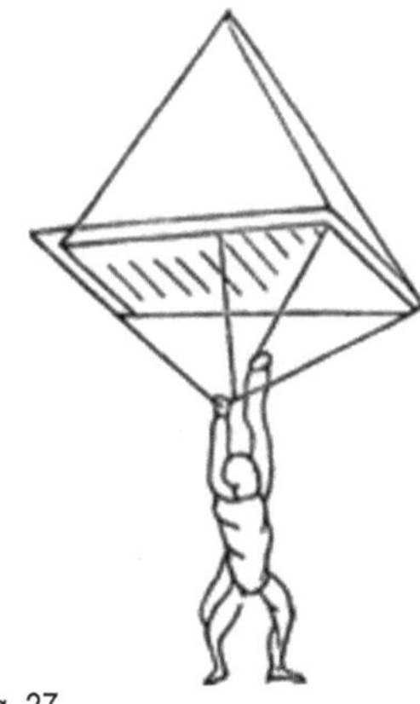

Fig. 27

„Se un homo ha un padiglione, intasato, che sia 12 braccia per faccia e alto 12, potrà gittarsi d'ogni grande altezza senza danno di sè.“

Bei seinen Spielereien mit Wachsballons etc. bediente er sich als Füllung eingeblasener warmer Luft. Leider machte er hiervon für größere Anwendung keinen Gebrauch, sondern er blieb bei der Imitation des Vogelflugs. —

Doch hatte Leonardo, wie bereits aus früher mitgeteilten Aufzeichnungen hervorgeht, eine klare Auffassung von der Dichtigkeit der Luft in der Nähe und ferner der Erde. Er sagt: „Um so viel die Luft dem Wasser oder der Erde benachbarter ist, um so viel ist sie dichter (grossa).“

Mehr den obigen Lehren des Leonardo zugehörig ist seine Anwendung des Gebläses für die Schmiedefeuer und Schmelzöfen. In Rom konstruierte er ein solches in einer Schmiede, welches so gewaltig blies und stöhnte, dass die Anwesenden sich in eine Ecke zurückzogen und teils entflohen.

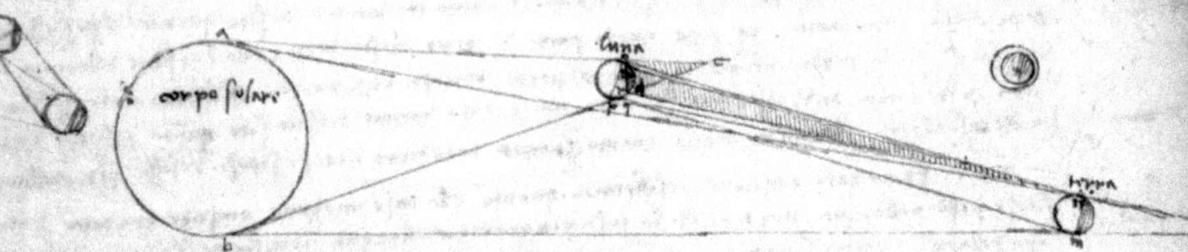

Abb. 18: Studie zur Astronomie

IX.

Leonardo da Vinci entwickelte auch in den übrigen Gebieten der Physik geklärte Kenntnisse. Die Grundanschauung, die wir schon bei Gelegenheit der Wellentheorie bei ihm ausgesprochen finden, verlässt ihn nicht. Betrachten wir zunächst die Akustik des Leonardo, so erregt es nicht Erstaunen, dass er den Gesetzen nachforschte, da er selbst ausübender Musiker war und eine Menge Verbesserungen und Erfindungen an Musikinstrumenten gemacht hatte. Auch in diesem Gebiete war Leonardo da Vinci der erste Renovator und Propagator seit Pythagoras und seiner Schule, abgerechnet die Veränderungen und Schaffung von neuen Instrumenten. Leonardo bemühte sich, die Zeitdauer eines Tones, die Entfernung seiner Quelle u. s. w. zu messen, und konstruierte dafür ein Instrument, welches in Skizze im Codex Atlanticus übrig geblieben ist, leider ohne Beschreibung. Aus dem Echo suchte er die Distanz zu bestimmen, von wo der Ton ausging, weil er einsah, dass der Ton oder Schall in einer gewissen Zeit nur einen gewissen Raum durchlaufen könne. Gleichzeitig beobachtete er die Einwirkung des Windes auf den Ton. Er entdeckte, dass, wenn man eine Glocke anschlage, so beginne eine nahe hängende, mit ihr ähnliche Glocke zu tönen, und wenn man eine Seite einer Laute ertönen lasse, so antworte und töne dieselbe Seite auf einer andern Laute; man kann dies beobachten, wenn man ein Strohhälmchen über die Seite der zweiten Laute legt! (Siehe dieselbe Erklärung und fast dasselbe Beispiel in unseren Lehrbüchern. Eisenlohr §. 199.) Diese Entdeckung wurde später dem Galilei zugeschrieben, und Mersenne bestätigte sie durch theoretischen Nachweis. Leonardo bemerkt zu obigem Satz ferner: „Wenn obige Betrachtung richtig ist, so kann man den Ton, der plötzlich durch den Schlag eines Stabes mit der Hand entstand, nicht beenden, besonders nicht die Kraft, welche in Wirklichkeit den Ton gegeben hat, wenn man nicht die Glocke mit der Hand berührt, wie man mit dem Ohr beobachten kann, denn schlägt man die Glocke und legt man die Hand auf die geschlagene, so ist plötzlich der Ton verschwunden." Leonardo da Vinci kannte auch jene Erzählung des Nicomachus und Jamblichus, nach welcher Pythagoras einst bei einer Schmiede vorüber kam und die Töne der Hämmer hörte, die zugleich den Ambos trafen und eine Art Accord gaben. Pythagoras wog die Hämmer und fand, dass die Gewichte derselben sich verhielten wie $1 : \tfrac{2}{3} : \tfrac{3}{4}$ und die Töne Quarte, Quinte und Octave seien! — Leonardo stellt die Frage auf, ob der Ton im Ambos oder in den Hämmern entstand? Er antwortet: „Wenn der Ambos nicht aufgehängt war, konnte er überhaupt nicht tönen; der Hammer tönte im Aufprallen, welches er durch den Schlag verursachte; und wenn der Ambos tönt, so ist es, wie es bei jeder Glocke ist, die mit derselben Tiefe des Tones schallt, ob man sie mit irgend einem Gegenstand anschlägt; so eben auch der Ambos beim Aufschlag der verschiedenen Hämmer; wenn du also verschiedene Töne hörst durch Aufschlag von Hämmern verschiedener Schwere, so sind es die Stimmen der Hämmer und nicht in dem Ambos." Leonardo stellte also die Wahrheit, welche jenes Beispiel des Nicomachus enthielt, fest, während er die Fassung der Erzählung rektifizierte. Diese Erklärung aber bezeugt seine klare Auffassung über den Schall wiederum.

Leonardos Ansichten über das Licht und das Sehen, kurz über die Optik sind hervorragend. Er wurde auf diese Studien mehr natürlich geführt als auf alle anderen; seine Kunst und das Studium der Perspektive bedingten auch seine optischen Studien.

Die Ansichten der Alten hatten das Gesetz der Reflexion des Lichtes richtig erfasst, aber sie hatten keine klaren Begriffe von der Refraktion. Ihre optischen Prinzipien waren so: „Sie wussten, dass das Sehen durch Strahlen bewirkt wird, die in geraden Linien fortgehen, und dass diese Strahlen durch gewisse Körper (Spiegel) so zurückgeworfen werden, dass der Winkel, welchen der einfallende und der zurückgeworfene Strahl mit dem Spiegel bildet, derselbe ist. Aus diesen Prämissen zogen sie, mit Hilfe der Geometrie, mancherlei Folgerungen, wie z. B. für die Konvergenz derjenigen Strahlen, die von einem Hohlspiegel kommen, u. s. f." (Whewell I. 89). Euklides gibt für die geradlinigen Strahlen Beweise an, die triftig genug sind. Allein Euklides wie die Platoniker behaupteten, dass das Sehen bewirkt werde durch Strahlen, welche vom Auge und in Zwischenräumen ausgehen. Die besseren Lehren des Euklides wurden nun durch Aristoteles[19] und seine Schule ganz verwirrt. Aristoteles nimmt zwischen Objekt und Auge ein Medium an, das er „Licht" oder „das Transparente in Aktion" nennt, während Finsternis „Transparentes ohne Aktion"

51

heißt u. s. w. Während Aristoteles den Ausdruck Refraktion gebraucht, zeigt er doch seine Kenntnis dessen, was er dadurch bezeichnen wollte, als höchst unbestimmt. Erst um 1100 stellt der Araber Alhagen den Begriff fest, indem er sagt: „Refraktion hat gegen das Loth hin statt." Er beweist, dass der Refraktionswinkel dem Einfallswinkel nicht proportional sei, und dass die Größe der Refraktion nach der Größe des Winkels verschieden sei, welchen die einfallenden Strahlen mit den Einfallsloten bilden. Alhagen ging allerdings sehr weit, und seine Schriften wurden recht bekannt. Roger Baco beschäftigte sich mit der Wirkung konvexer Gläser. Vitellio, ein Pole im 13. Jahrhundert in Krakau lebend, erweitert die Refraktionslehre mit unverkennbarem Scharfsinn. Leider wurden seine Schriften (Perspectivae libri X. und Vitellionis de optica) erst 1533 resp. 1551 in Nürnberg gedruckt. Die Gelehrten jedoch wandten sich im 14. Jahrhundert mit einem besonderen Eifer der Optik und zumal dem Studium der älteren Werke hierüber zu, so dass die Entwicklung der Perspektive und Optik mehr vorbereitet erscheinen muss, als die anderer Naturlehren. Schon 1482 finden wir in Venedig Ausgaben des Euklides, und Anfang 16. Jahrhunderts zählen dieselben bereits nach 30–40 Ausgaben in allen Sprachen.

Leonardo, als Maler und zumal als begeisterter Lehrer der Perspektive, unterrichtete sich in der Optik auf das gründlichste, ebenso wie über die Farben. —

Venturi hat dem Leonardo da Vinci die Erfindung der Camera obscura zugeschrieben, und wir können nicht umhin, uns dieser Vindikation anzuschließen. Prüfen wir dafür die verschiedenen Stellen in den Manuskripten. Leonardo sagt: „Wenn die Bilder von beleuchteten Objekten durch ein kleines rundes Loch in ein sehr dunkles Zimmer fallen, so seht ihr diese Bilder im Innern des Zimmers auf weißem Papier, welches in einiger Entfernung vom Loche aufgestellt ist, in voller Form und Farbe; sie sind aber in der Größe verringert und stehen auf dem Kopf, und zwar in Folge des besagten Einschnitts. Wenn die Bilder von einem vom Sonnenlicht beleuchteten Ort kommen, so erscheinen sie uns wie auf das Papier, welches sehr dünn sein muss, gemalt, und wie von hinten gesehen. Das Loch sei in eine sehr dünne Eisenplatte ausgeführt. A B C D E sind Fig. 28 die vom Sonnenlicht beleuchteten Objekte. O R ist die Vorderwand der Ca-

mera obscura; das Loch ist bei M; S T sei das Papier, welches die Strahlen von den Objekten aufnimmt. Die Bilder erscheinen umgekehrt, weil die Strahlen von A her nach K und die Strahlen von der linken Seite E nach rechts zu F hinübergehen.

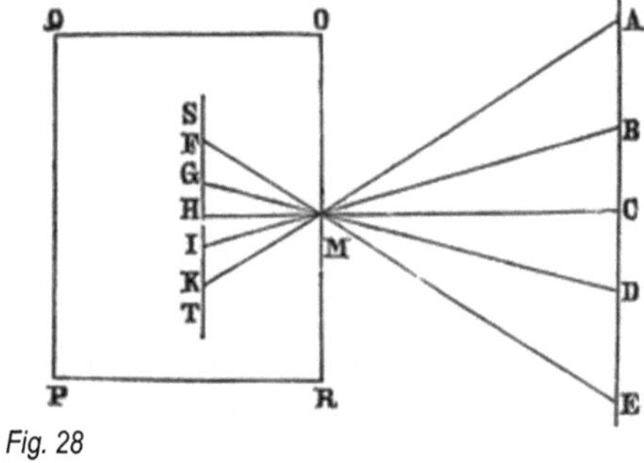

Fig. 28

Das macht sich so von selbst im Auge. — Man kann machen, dass das Auge die entfernten Objekte sieht, ohne dass sie die ganze Verkleinerung erdulden, welche ihnen zufolge der Gesetze des Sehens zukommt. Diese Verkleinerung rührt von Pyramiden der Bilder des Objektes, welche im rechten Winkel durch die Sphärizität des Auges geschnitten werden, her. In der folgenden Figur sieht man, dass man diese Pyramiden in gewisser Weise vor dem Augapfel schneiden kann. Es ist sehr wahr, dass der Augapfel uns die ganze Hemisphäre auf einmal aufdeckt; dieses Kunstwerk[20], welches ich meine, würde nur einen Stern entdecken lassen. Aber dieser Stern wird groß; der Mond wird auch größer, und wir werden besser seine Flecke erkennen!" Die letzten Sätze sind in der Tat verwirrt, während die erste Erklärung durchaus klarer ist.

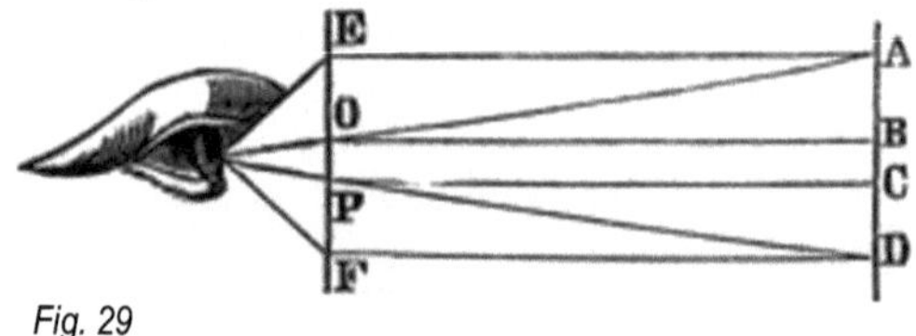

Fig. 29

Allein es gibt noch eine Reihe Aussprüche des Leonardo in anderen Manuskripten, welche über seine Auffassung mehr Licht verbreiten. Im Codex Atlanticus spricht Leonardo: „Ich behaupte, dass, wenn ein Haus oder ein Raum oder eine Campagna, welche durch die Sonnenstrahlen getroffen wird, in seiner abgekehrten Seite einen Raum hat, und in dieser Seite, auf welcher man nicht die Sonne sieht, sei ein kleines rundes Loch hergestellt, alle beleuchteten Sachen durch dieses Loch ihr Bild hindurch werfen, und innerhalb des Raumes an weißer Wand umgekehrt erscheinen, und bei vielen solcher Löcher werden viele solcher Bilder erscheinen. Die Strahlung verhält sich so. Wir wissen klar, dass das Loch in der Wand einiges von dem Licht einführen muss in den Raum, und dieses Licht, welches es vermittelt, ist ausgegangen von einem oder mehreren der vielen beleuchteten Körper. Wenn diese Körper nun verschiedene Farben und Gestalten (stampe) haben, so werden danach die Strahlen von ihrer Gestalt sein und mit den Farben und der Gestalt die Repräsentation an der Mauer herstellen.“

Eine andere Stelle verifiziert die Erscheinung, und im libro della Pictura setzt er die Erscheinung nochmals auseinander. Leonardo ist in der Tat allen denen zuvorgekommen, denen man Anteil an der Camera obscura zuteilt, sowohl dem Cesar Caesarianus (1521) als dem Cardanus (1550) als dem Porta 1558. Cardanus hat übrigens ohnehin mehr geleistet für die Camera obscura als Porta, indem er derselben die Linse hinzufügte und die ganzen Eigenschaften der Camera mit dem Auge und dem Sehen verglich. Aber dem Cardanus war Leonardo da Vinci, sowohl mit der Beschreibung und Erklärung der Camera zuvorgekommen, als auch mit dem Ausspruch:

> *„... quello spiraculo fatto in una fenestra.... rende dentro tutte le similitudini de’ corpi che gli sono per obbietto. Cosi si protrebbe dire che l’occhio cosi facesse!“*

Und ebenso gut wie Cardanus kannte Leonardo die Funktion der Linse in der Hervorbringung eines Augenbildes. „Ich sage, dass der Mensch die kristallinische Sphäre (spera) besitzt, um die empfangene Erscheinung zum Geiste zu senden, allein wie die Notwendigkeit fordert, in einen dunklen Ort“. Wir fanden im Codex Atlanticus eine Reihe Figuren und Skizzen, um die Weise des Sehens klar zu machen *(che modo l’occhio vedere)*. Konstatiert ist es, dass Leonardo ein künstliches Auge hergestellt hatte, um zu zeigen, wie die Form des Bildes auf dem wirklichen Auge erscheint. Aber auch die innere Einrichtung des Auges war ihm bekannt *(cosi avrai trovato la vera forma interiore del l’occhio)*. Er war also ein früher Vorgänger des Franzosen le Cat (1740) und des Eustachius Divinus (1663). „Das Auge vermag ein Bild von beleuchteten Körpern längere Zeit festzuhalten; ihre Erscheinung tritt nach innen.“

Weiter berührt er die Ähnlichkeit eines Tones für das Ohr und das Bild eines erleuchteten Körpers für das Auge. Leonardo kannte die Erscheinung, dass wenn Licht von einer stärker erleuchteten Fläche auf die Netzhaut des Auges fällt, dasselbe nicht bloß auf die getroffene Stelle wirkt. Es ist das das Gesetz der Irradiation. Er setzt dies in seinem „Traktat der Malerei“ auseinander und wendet selbst dasselbe zur Erreichung von bestimmten Effekten auf seinen Bildern an, z. B. in seiner Madonna dell’ angelo. Der Effekt, den die Stellung beider Augen hervorbringt für das Sehen, ist dem Leonardo vollständig bekannt. Er erkennt die Verschiedenheit der Bilder, die jedes Auge für sich aufnimmt, ebenso die Erscheinung, dass man durch eine Wand mit zwei Löchern (für jedes Auge eins) einen Körper dahinter in einer gewissen Distanz nicht erblickt. Über das Verhältnis der Lichtstärke zur Entfernung der Körper bemerkt Leonardo: „Um so viel sich die Kraft des abgeleiteten Lichtes vermindert, um so mehr nimmt die Größe zu.“ Seine Vergleichung der Intensität zweier Lichter kommt den Gesetzen des Bouguer (1729) zuvor und hat eine ausgezeichnete Darstellung in seinem Werk über die Malerei im Kapitel: von Licht und Schatten veranlasst, die noch heute die beste Lehre des Malers ist. „Die Lichtseite kehre man gegen einen dunklen Grund, die Schatten gegen einen helleren. Eins muss das andere heben, doch ohne sich zu befeinden; es muss immer ein milder Übergang sein. Neben Schatten müssen noch oft unmerkliche, schwächere stehen. Der Grund, worauf ein Gemälde steht, muss stets dunkler sein als der erleuchtete Teil und schwächer als der beschattete Teil Widerscheine dienen auch öfter, um vom Grunde abzuheben; meistens müssen sie aber heller als der Grund sein.“ —

Diese klaren Grundsätze hatte Leonardo aus der richtigen Betrachtung der Schatten, welche entstehen bei dem Einfügen undurchsichtiger Körper zwischen der Lichtquelle und einer Wand, ersehen. Er gibt für diese Betrachtung die folgenden Skizzen, die die Konformität seiner Anschauung mit der unsrigen klar dartun (Fig. 30, 31, 32 und 33.)

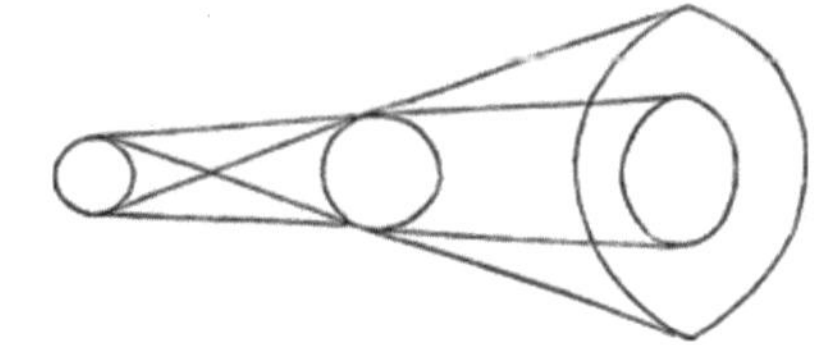

Fig. 30

Abb. 19: Drehkran - Das Modell repräsentiert einen einarmigen Kran, der auf einer kreisförmigen Plattform montiert ist. Letztere kann sich dank der auf einer Kreisbahn laufenden Räder drehen. Der Arm hat zwei Querverstärkungsträger und hebt ein Gewicht an einem Seil, das sich um Rollen und schließlich an einer Rolle bewegt, die von zwei seitlichen Kurbeln gesteuert wird. Ein mit einer Ratsche ausgerüstetes Zahnrad ist ebenfalls mit der Walze verbunden. Am anderen Ende des Arms befindet sich ein Koffer voller Steine, der als Gegengewicht wirkt. Dieses Modell stellt die Interpretation einer Studie für einen Drehkran dar. Gebrauchsanweisung. Leonardos Zeichnung bezieht sich wahrscheinlich auf ein Kanalprojekt, das den Arno mit dem Meer in Piombino verband.

Abb. 20: Drehkran

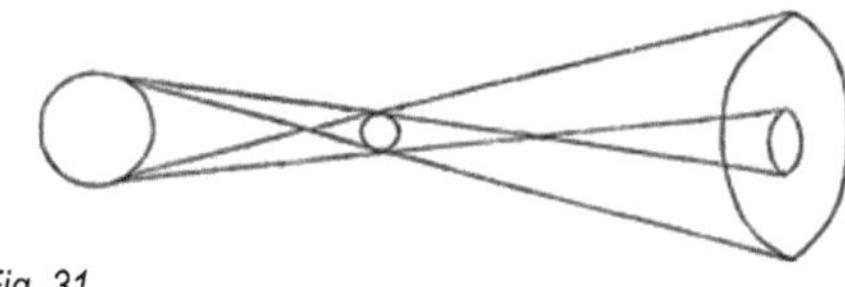

Fig. 31

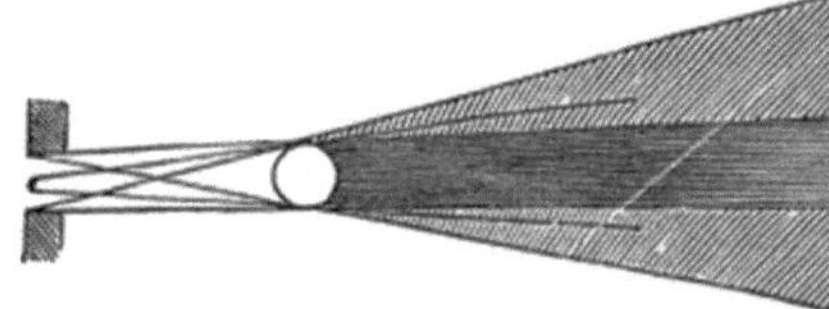

Fig. 32

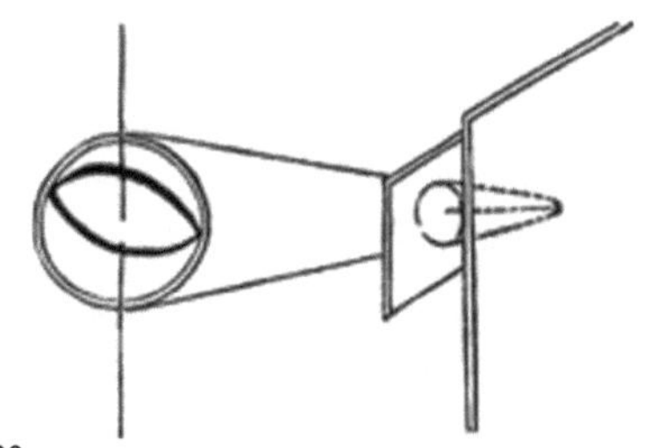

Fig. 33

Auf die Diffraktion scheinen einige Bemerkungen hinzuweisen, doch wollen wir hierüber dem Leonardo eine Kenntnis nicht weiter vindizieren. *(Dove i raggi reflessi s'intersegano, quivi si raddoppiano tanto i gradi della caldezza, quanto sono il numero delli ragi intersegati.)*

Leonardo da Vinci gab mehrfache Vorschriften zur Fabrikation von Hohlspiegeln (konkave, konvexe, parabolische, sphärische) und lehrte den Punkt kennen und bestimmen, wo die reflektierten Strahlen sich durchschneiden.

Im Übrigen müssen wir noch auf die Farbenlehre des Leonardo hinweisen. „Weiß ist nach Leonardos Theorie die hervorbringende Ursache der Farben und Schwarz die Beraubung. Um die Harmonie der Farben zu erkennen, oder wie sie sich zu einander verhalten, nehme man ein gefärbtes Glas, wodurch die Farbe des Gegenstandes, der dahinter sich befindet, mit der Farbe des Glases sich vermischt, woraus man erkennt, ob diese mit einer ähnlichen Mischung sich verträgt oder dadurch verdorben wird. In einem blauen und schwarzen Glas verlieren alle Farben, und im Weiß am meisten; sie gewinnen im Gelb und Grün. Soll eine Farbe der anderen, die sich ihr nähert, Annehmlichkeit geben, so soll man sich der Farbenfolge des Regenbogens bedienen, wo die Farben in ihrer nächsten Verwandtschaft sich zeigen.... Blau ist das Erzeugnis des reinsten Weiß mit dem Dunst der Luft. Das Weiß ist aller Farben leer..... Man soll von den acht Grundfarben eine mit der anderen vermischen, hernach zwei mit Zweien u. s. w. bis zu dem Ende der vollen Farbenzahl.“

Übrigens sei bemerkt, dass Leonardo sehr sorgfältige Studien machte über die Farben und Lacke und über die Methoden der Mischung. In diesem Sinne nennt er das Roth (Mennige) den gefährlichsten aller Körper etc. etc. Man lese diese Dinge nach in seinem trefflichen Buch über die Malerei. —

[19] Aristoteles de Anim. II. 6.

[20] Hieran knüpften Einige die Behauptung von der Entdeckung eines Fernrohrs durch Leonardo.

X.

Über den Magneten finden wir bei Leonardo da Vinci einige Stellen, welche beweisen, dass derselbe die Eigenschaften desselben zu ergründen suchte, allein etwas Besonderes resultierte wohl nicht daraus.

Seine Ansichten über die Wärme dagegen fesseln uns mehr. Zunächst beobachtete er, dass ein Eisendraht auf einem Amboss stark gehämmert den Schwefel anzog, ohne vielleicht das Gesetz *Motus est causa caloris* zu kennen. Er beschreibt ferner, wie ein trübes, schlammiges Wasser, wenn es gekocht werde, plötzlich klar werde, denn die Hitze verdünne das Wasser, und dann könne das verdünnte (rarefatta) die schwereren Teile nicht mehr tragen. Die Aktion der Aeolipile war dem Leonardo bekannt, und vielleicht gab sie ihm Anlass zur Konstruktion der Dampfkanone, des Architronito, welche er allerdings als eine Erfindung des Archimedes bezeichnet, — ohne dass in den Schriften des letzteren eine Spur davon aufzufinden wäre. Wir geben hier Figur und Beschreibung der Kanone. (Fig. 34. 35.)

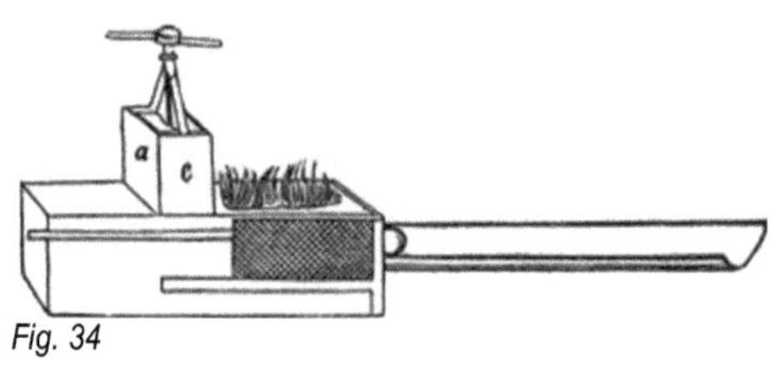

Fig. 34

Fig. 35

„Der Architronito ist eine Maschine von feinem Kupfer, welche eiserne Kugeln mit großem Geräusch und vieler Gewalt fortschleudert. Man macht Gebrauch von dieser Maschine; das Drittheil dieses Instruments besteht in einer großen Quantität Feuer und Kohlen. Wenn das Wasser recht erhitzt ist, so wird die Schraube des mit Wasser gefüllten Gefäßes (abc) geschlossen, und in demselben Augenblicke, wo dies geschieht, entweicht das ganze Wasser unterhalb, steigt in den erhitzten Teil des Instrumentes und verwandelt sich sofort in Dampf, der so bedeutend und stark ist, dass es wunderbar ist, die Wut dieses Rauches zu sehen und das hervorgebrachte Geräusch zu hören. Diese Maschine warf eine Kugel von 1 Talent und 6.“

Wir bemerken, dass Leonardo im Cod. Atl. fol. 253 eine dunkle Idee zur Bewegung einer Barke mit Dampf gegeben hat, ferner fol. 300 einen Bratspieß, welcher durch Wärme getrieben wird, und zwar werden die Rauchgase, Dämpfe etc. in einen Rauchfang gesammelt und ziehen darin nach oben. Die Öffnung aber zum Eintritt in den Schornstein verschließt ein mit Schaufeln versehenes horizontales Rad. Die warme Luft tritt durch die schräg gestellten Schaufeln hindurch nach oben und bewegt dabei das Rad und Achse desselben, welche nach unten hin mit einem Trieb in die Zahnräder des Bratspießes eingreift.

Über die strahlende Wärme gibt Leonardo folgende Sätze: „Eine Glasglocke, mit Wasser gefüllt, lässt die Strahlen des Feuers durch sich hindurch, und diese werden heißer als Feuer. Ein konkaver Spiegel, kalt seiend, empfängt die Feuerstrahlen und gibt sie heißer als Feuer wieder zurück. In einem ähnlichen Experimente mache man ein Stück Kup-

fer glühend und lasse es glänzen durch ein Loch von seiner Größe und in gleicher Entfernung wie ein gewöhnlicher Spiegel zugleich mit einer Flamme. So hat man also zwei Körper in gleicher Distanz vom Spiegel, aber verschieden an Farbe und Glanz. Man wird finden, dass der größeren Wärme die größere Reflexion des Spiegels entspricht.“

XI.

Wir dürfen hier wohl einige Bemerkungen anfügen über Leonardos metallurgische Kenntnisse.

Bekanntlich war zu Leonardos Zeit die Chemie — Alchemie, und ebenso gehörte die Metallurgie wesentlich zur Alchemie. Leonardo scheint kein Anhänger oder Freund der Alchemie gewesen zu sein, sein klarer Verstand durchschaute vielleicht schnell das trügerische Gewand, in welcher damals die chemische Wissenschaft einherschreiten musste, und nur einmal meldet er von einem Eremiten (Alchemisten), dass derselbe behauptet, dass Quecksilber sei der Same (semenza) für alle Metalle, und bemerkt, wie unzutreffend diese Ansicht gegenüber der Varietät der Dinge auf der Welt sei. Ferner führt er ein Rezept zum griechischen Feuer an, sicherlich abgeschrieben aus den Schriften eines Alchemisten und keineswegs eigene Komposition. Doch da Leonardo Kriegsingenieur war, so finden wir auch bei ihm Kenntnis des Pulvers und in dem Ambrosianischen Codex Atlanticus 5 Figuren, welche wir für Illustrationen der Pulverfabrikation halten einzelner Bemerkungen wegen. Die erste der Illustrationen zeigt einen Ofen mit schräg ansteigender Feuerplatte, durch deren sechs Öffnungen sechs Tiegel hindurchhängen in die darunter hinstreichende Feuerluft. Es dürfte dieser Ofen für die Abdampfung der Lösung des Salpeters dienen. Die folgende Illustration zeigt einen Mahlgang mit zwei Steinen. Die dritte Figur gibt einen Sublimierapparat für den Schwefel. Die vierte Figur einen Trockenofen. Die fünfte Figur eine Mischmaschine mit einem schmalen um seine Achse drehbaren vertikalen Stein, der die in einer Schale eingegebenen Substanzen zermalmt und vermengt, während sich diese Schale um ihre vertikale Achse dreht. (Wir wollen keineswegs die Richtigkeit unserer Auslegung außer Frage stellen.) Übrigens sind Feuerungsanlagen nicht selten vertreten bei Leonardo. Wir finden einen Glühofen, bei welchem das Gefäß mit dem zu glühenden Körper in einen eisernen Zylinder eingesetzt wird, während von unten her die Feuerung Flammen rings um dies Gefäß herum entsendet zwischen der Wandung des Zylinders und dem Gefäße. Ein anderer Ofen zeigt sich als Flammofen mit vorliegender Feuerung. Die Feuergase treten durch fünf Öffnungen in den Ofen ein. Bei diesem Ofen gibt die Schraffierung genau die Zutrittsöffnungen, Feuerkanäle u. s. w. an, und wir möchten diesen Ofen für einen Glasofen halten. Sehr trefflich vorgeführt ist ein Destillationsapparat. Eine Kochschale von Halbkreisquerschnitt über einer Rostfeuerung ist oben von einem übergreifenden Deckel geschlossen, welcher lang ausgehend in eine seitliche Röhre, endlich nach unten sich biegt und in ein Gefäß zum Auffangen einmündet. Aus einem höher aufgestellten Wassergefäß fließt kaltes Wasser auf das abgehende Rohr und bewirkt die Kondensation der übergehenden Gase durch Abkühlung. Vom Schmiedefeuergebläse sprachen wir schon. Da Leonardo die Aufgabe erhalten hatte, das Denkmal Francesco Sforza's zu machen, welches in Erzguss vorgesehen war, so bemühte sich Leonardo ohne Zweifel, die Gusssätze kennen zu lernen. Im Codex Trivolgianus gibt er Rezepte an, die wohl von Verrochio, seinem Lehrer, und einem sehr tüchtigen Erzgießer herrühren. Weiter finden wir keine Angaben über den Erzguss

Dagegen treffen wir auf Stellen in seinem Manuskripte, aus welchen hervorgeht, dass Leonardo die Geologie der Apenninen und Alpen studierte und mancherlei Entdeckungen machte. Er beobachtete in den Felsen und Gesteinen eingeschlossene und abgedruckte Tiere der Vorzeit und Pflanzen. Er schloss auf eine allmähliche Zerstörung der Felsen durch die Einwirkung des Wassers, welches die Trümmer in das Meer führte.

XII.

Die Gedanken des Leonardo da Vinci gingen unter anderem auch den Wissenschaften nach, die die Erde, ihre Gestalt und Beschaffenheit, ihren Einfluss auf den Mond zu begründen suchen, und die sich mit der Erforschung des Sonnensystems befassen. Haben wir bereits oben jenes Beispiel aus seinen Schriften beigebracht, welches zeigt, wie Leonardo sich mit der Bewegung der Erde vertraut gemacht zu haben scheint, und wie er zwei Bewegungen auf der Oberfläche darzustellen verstand, so

führen wir in Folgendem seine Ansichten über die Himmelskörper und ihre gegenseitigen Beziehungen an. Leonardo stellt sich beispielsweise vor, dass die Erde in Stücke geschnitten sei, die verstreut würden nach allen Richtungen, wie die Sterne am Himmel. Er sagt, dass, wenn ein solches Stück herabfalle, es bis zum gemeinsamen Zentrum sich begebe, aber dort nicht bleibe, sondern seine Bewegung wird das Stück in die entgegengesetzten Elemente treiben, wo es sich nicht ruhig niederlassen kann, sondern wieder umkehrt und zurückkehrt zu dem Ort des Ausgangs. Es wird diese Fahrt zum zweiten male machen, wiederkehren, und so beständig wiederholen. Es ist das, wie man ein Gewicht an einem Tau aufhängt, gestoßen von der einen Seite, sodann frei sich selbst überlassen, geht und kommt lange Zeit, immer seine Bahn verkürzend, bis es zum Stillstand kommt und an der Korde herabhängt. Wenn alle Stücke der Erde so ausgestreut, frei gefallen wären, eins nach dem andern in verschiedenen Zwischenräumen, so würden sich diese Stücke begegnen und sich stoßen, zerbrechen. Es würde davon ein wildes Getümmel in der Atmosphäre entstehen, welches Jahre lang dauern würde, bis endlich alle Stücke mit dem Zentrum vereinigt wären! — Welche treffliche Ansicht, bei welcher Gravitation, Zentrifugation und das Pendelgesetz zur Anwendung kommen. Von der Sphärizität der Erdoberfläche überzeugt, glaubt Leonardo, dass man 14 Meilen in See bereits dieselbe an der Meeresoberfläche mit bloßen Augen wahrnehmen könne; allerdings ein Irrtum, — aber doch ein Zeugnis für die absolute Überzeugung, dass die Erdgestalt jene Kurve zeige. Sehr interessiert scheint den Leonardo der Mond zu haben. Auf ihn beziehen sich die meisten seiner Betrachtungen astronomischen Gepräges. Er findet, dass der Mond in jedem Monat einen Winter und einen Sommer haben müsse, die resp. kälter und wärmer sein müssten, als bei uns, und dass die Äquinoktien des Mondes viel kälter seien als bei uns. Es schwebt ihm dabei die Ansicht vor, dass der Mond eine kleine Erde sei. Wir reihen daran:

„Ich werde zeigen, dass das Funkeln der Sterne vom Auge herkommt; doch das Glänzen ist bei einigen Sternen merkbarer als bei anderen, und wie das Auge uns die Sterne von Strahlen umgeben zeigt."

„Die Erde wird dem Menschen auf dem Monde oder auf einem der Sterne als ein himmlischer Körper erscheinen!"

Abb. 21: Das Modell stellt einen Rammtreiber dar, der aus einem großen zylindrischen Holzhammer besteht, der in einer vertikalen Holzstruktur läuft. Die Winde wird von einem Zahnrad angetrieben, das sich im unteren rechten Teil befindet. Das Rad hat eine Sperrklinke, die verhindert, dass es sich in die entgegengesetzte Richtung dreht. Funktion Wenn der Hammer fällt hält er dank seines Gewichts den Rumpf in den Boden. Die Operation wird mehrmals wiederholt, bis die gewünschte Tiefe erreicht ist. Leonardos Zeichnung bezieht sich auf ein Projekt zur Umleitung des Arno.

„Dem Menschen auf der Erde erscheint der Mond genau so, wie die Erde den Bewohnern des Mondes erscheinen wird."

„Der Mond hat seinen Tag und seine Nacht selbst wie die Erde, die Nacht hat Statt auf dem dunkeln Teil, der Tag ist in dem hellen Teil Die Teile des Mondes, welche Tag haben bei Vollmond, treten in die volle Nacht bei Neumond."

„Die Erde ist nicht im Mittelpunkt der Sonnenbahn situiert, ebenso wenig in der Mitte des Weltalls. Sie ist in der Mitte ihrer Elemente, welche ihr zugeteilt und von ihr abhängig sind. Für einen Menschen auf dem Monde würde die Erde und der Ozean denselben Effekt auf den Mond ausüben mit Hilfe der Sonne, wenn die Sonne und der Mond in der Nacht unter unserem Horizonte ständen, als er auf die Erde ausübt."

„In der Verfinsterung der Sonne empfängt die Nacht des Mondes keine Zurückstrahlung der Sonnenstrahlen durch die Erde, und bei der Verfinsterung des Mondes empfängt die Erde vom Monde reflektierte Strahlen nicht."

„Wenn der Mond beim Herabgang umkränzt ist von einem durch die Sonne erleuchteten Ringe, warum haben dann die Teile des Mondes, welche in der Mitte dieses Kreises liegen, mehr Licht, als zur Zeit der Verfinsterung der Sonne? Das ist, weil bei der Verfinsterung der Sonne der Mond seinen Schatten auf den Ozean wirft, eine Erscheinung, welche nicht eintritt, sobald der Mond herabgesunken ist und die Sonne ihre Strahlen in derselben Zeit auf den Ozean wirft."

Alle diese ausgesprochenen Ansichten sind gewiss bemerkenswert, trotz der Irrtümer, die sich darin befinden. Vor allem aber kam Leonardo dem Moestlin und Keppler zuvor in der Erklärung, dass das Mondlicht durch Reflexion der Erde entsteht. —

„Die Sonnenwärme ist Ursache, dass die Wasser des Meeres sich unter dem Äquator erheben. Sie treten in Bewegung von allen Seiten dieser eminenten Wassermasse, um ihre vollkommene Sphärizität wiederherzustellen."

„Die Wasser der Meere in den Aquinoktialgegenden sind höher als die Wasser des Nordens. Sie sind auch unter der Sonne höher als in anderen Gegenden des Äquinoktialkreises. Dies kann man beobachten an einem Gefäß mit Wasser mit Hilfe glühender Kohlen. Das Wasser, welches sich um das Zentrum des Siedens herum befindet, erhebt sich in Zirkular-Wellen. Die Wasser des Nordens stehen unter dem Niveau der andern Meere, und zwar um so viel sie kälter sind."

„Die Wasserhöhen, welche die Sonne hervorbringt, bewegen sich zirkular und durchlaufen jede Stunde etwa 1000 Meilen."

Wir führen auch noch Leonardos Ideen über den früheren Aufbau der Erde an:

„Wenn das Wasser der Flüsse seinen Schlamm absetzt auf die Tiere des Meeres, welche die Küsten bewohnten, so legt sich dieser Schlamm auf die Tiere selbst. Ist endlich das Meer zurückgetreten, so erhärtet, versteinert sich dieser Schlamm ringsum und über den Muscheln der Schalentiere und vereinigt sie. Daher begegnet man vielen Gegenden, — und fast alle solche versteinerte Muscheln gibt es in den Gebirgen, — welche noch ihre unversehrten Muscheln haben, besonders solche, die mehr Alter und mehr Dauerhaftigkeit hatten. Ihr sagt mir, dass die Natur und der Einfluss der Sterne die Muscheln der Berge geformt haben. Zeigt mir also einen Ort in den Bergen, wo die Sterne heute solche Muschelkörper machen, von verschiedenem Alter, von so verschiedener Gestalt an einem und demselben Orte? — Und wie erklärt ihr nun den Sand, welcher in Schichten sich erhärtet hat in verschiedenen Höhen der Gebirge? Dieser Sand ist dorthin transportiert von verschiedenen Orten, durch die Wellen und den Lauf der Flüsse. Der Sand ist nur geformt und gebildet durch die Stücke der Steine, welche abgenutzt wurden und ihren Halt verloren durch die Reibungen, die Stöße und den Sturz, der diese Stücke in das Wasser geschleudert hat, welches sie dann an ihren Platz gerollt hat. Und wie erklärt ihr durch das Werk der Sterne die große Anzahl der verschiedenen Blätter, fixiert und abgedrückt in den Gesteinen der Berge? und die Algen, Meereskräuter, vermischt mit Muscheln und Sand, alles versteinert zu einer Masse mit den Krebsen des Meeres, gemengt unter denselben Muscheln?"

„Das Meer verändert das Gleichgewicht der Erde. Die Austern, die Muscheln, welche im Schlamm des Meeres leben, bezeugen uns die Veränderung, welche die Erde im ganzen Kreise der Elemente erlitten hat. Die großen Flüsse führen immer Terrain mit sich, welches sie aus ihrem Bett durch Reibung loslösen. Diese Korrosion lässt uns viele Muschelbänke, eingehüllt in diverse Bettungen, entdecken. Die Muscheln haben früher an demselben Orte gelebt, als sie das Meer bedeckte. Diese

Bänke sind im Laufe der Zeit von anderen Lagen von Schlamm in verschiedener Höhe bedeckt, so dass also die Muscheln von dem herbeigespülten Schlamm eingeschlossen wurden, langsam, bis das Wasser wich. Heute sind die Gründe selbst bis zur Höhe der Hügel und Berge gewachsen, und die Flüsse nagen an ihnen und decken die Muschelbänke auf. Also eine Partie der Erde, sehr leicht entstanden, erhebt sich gleichsam entgegengesetzt dem Zentrum der Erde und naht sich allmählich jetzt demselben, und das, was zuvor Meeresgrund war, ist der Gipfel der Berge geworden."

„Wenn ein Fluss Schlammhaufen bildet oder Sandbänke und sie dann verlässt, so zeigt uns das Wasser, welches sich dieser Massen erleichtert, die Art und Weise, wie die Berge und Täler sich geformt haben können allmählich von dem Terrain, welches aus dem Grund des Meeres emporgestiegen ist, obgleich dies Land im Emporsteigen beinahe voll und vereinigt war. Das Wasser, welches dieses Erdreich anhäufte bis zur Erhebung über die Oberfläche des Ozeans, begann Strömungen an den tieferen Teilen zu bilden, und siedelte das Schilf dort an, welches wieder andere Anhäufungen erzeugte. Das Schilf, ernährt durch die Regenwasser, nimmt täglich an Ausdehnung und Tiefe zu; es entstehen Strömungen und Täler; diese bilden sich zu Flüssen, und diese, die Ufer benagend, bauen unter sich Berge auf. Die Regen strömten unablässig und beraubten diese Berge, so dass nichts übrig blieb als die kahlen Felsen von Luft umgeben. Das Terrain des Flussbettes ist allmählich zu der Basis herabgestiegen. Der Grund des Meeres hat sich erhöht, und das Meer, welches den Fuß der Berge bespülte, ist gezwungen worden, sich davon zurückzuziehen."

In diesen drei Absätzen, die sich in verschiedenen Manuskripten zerstreut finden (F. 11. N. 124. E. 4. F. 80.), zeigt sich eine den übrigen geistreichen Anschauungen ebenbürtige Spekulation, wie sie nimmer bei einem der Philosophen vor ihm gefunden werden kann. Venturi bezeichnet ihn dieserhalb als le premier des Philosophes modernes, qui ont soutenu que la plupart des continens ont été jadis le fond de la mer. Und wir finden den Wert der Ansichten des Leonardo darin, dass er der erste Philosoph war, der zu solchen Anschauungen sich emporschwingen konnte und den Mut hatte, dieselben laut zu verkünden und dadurch dem Einfluss und den Behauptungen der Kirche entgegen zu treten. Diese Lehren und Erklärungen aus der Astronomie

zogen ihm den Namen und Ruf eines Häretikers zu und verursachten ihm jene unannehmliche Stellung zu Mailand, dass er es vorzog, diese Stadt zu verlassen.

Es bleibt noch übrig zu bemerken, dass Leonardo bedeutendes Interesse an der Geographie hatte, und dass er durch seinen Freund Amerigo Vespucci zu Florenz mit den Entdeckungen der Portugiesen und Spanier (Vasco, Diaz, Columbus) näher vertraut ward. Vielleicht ist hierdurch die in London aufgefundene erste Karte von Amerika, die von Leonardo gezeichnet sein soll, entstanden. Jedenfalls ist das Interesse Leonardos sicherlich auch für diese Entdeckungen angeregt gewesen, wenn er uns auch keinerlei Nachrichten davon aufgeschrieben hat.

XIII.

Das Gefallen an der Natur und ihren Schöpfungen machte Leonardo auch zum Botaniker. Aber wie er die Natur mehr sezierend betrachtete, so ist er eher ein Pflanzenanatom zu nennen. In seinem Werk über Malerei (Manzi, Roma) finden wir im 6. Kap. gleichsam eine Pflanzenphysiologie. Er bringt Beobachtungen über die Form, Verteilung und Symmetrie der Blätter und Zweige, die Konstruktion in der Rinde und im Holz. Diese und andere zahlreiche Mitteilungen Leonardos über Botanik hat Gustavo Uzielli bereits gesammelt und 1869 veröffentlicht im Nuovo Giornale Botanico Italiano unter dem Titel: Sopra alcune osservazioni Botaniche di Leonardo da Vinci. Uzielli indiziert dem Leonardo die Begründung der Wissenschaft von der Konstruktion und Gruppierung der Blätter (Fillotani), welche bisher dem Engländer Brown (1658) zugeschrieben wurde. — Auch andere Manuskripte, zumal der Codex Atlanticus, enthalten Beiträge für diese Seite der Botanik. Leonardo sucht auch die Art der Ernährung der Pflanzen darzulegen. Er erklärt, dass die Pflanzen, welche an Orten stehen, wo viel Feuchtigkeit und Nahrung vorhanden ist, mehr Rinde ansetzen, als an solchen, wo diese Nahrung fehlt oder spärlich ist. Die Bildung der Jahresringe und ihre verschiedene Dicke führt er zurück auf die größere oder geringere Feuchtigkeit des Jahres und findet einen Unterschied in dem Abstand des Zentrums von der nördlichen Seite der Borke gegenüber der südlichen, indem er diesen Abstand für ersten Fall größer nennt. Alle diese Beobachtungen wurden erst in späterer Zeit wieder gemacht und veröffentlicht. Nach Dioscorides gab es nur wenige griechische und römische Gelehrte, welche sich mit der Botanik befassten Gonza (1430) gab die Werke des Theophrast heraus mit vielen Zufügungen; später kamen Barbarus und Virgilius, Leonicenus und Brassavola und Mathioli (1501–77) — alle Kommentatoren des Dioscorides. Das letztere Werk wurde für Italien ein Abschluss Später traten die Schriften von Costaeus, Porta, Caesalpinus und Colonna auf. Letzterer gab (1592–1616) eine Arbeit mit Kupferstichen von Blüten und Früchten. In Deutschland kamen die illustrierten Arbeiten von Fuchs (1542), Cordus (1561), Gesner (1565) dazu, in den Niederlanden Dodonaeus und Lobel und Clusius, in Frankreich Champier, Ruellius (1536), Delechamp, in Spanien Nebrija, Laguna (1543), Herrera (1513), in Portugal Garcia d'Orta, Acosta, Fraposo, in England Ascham (1520), Turner u. s. w. Alle diese Gelehrten lebten später als Leonardo (nur wenige waren kurze Zeit „Zeitgenossen" desselben), und eine ernste Betrachtung, wie Leonardo sie gibt, ist selbst in diesen Werken nicht überall zu finden.

Interessant ist Leonardos Versuch des Selbstdrucks der Blätter. Im Codex Atlanticus befindet sich ein solcher Abdruck eines Salbeiblattes mit folgender Bemerkung:

Questa carta si dette tingere di fumo di candella temporato con colla dolce, e poi imbrattare sottilmente la foglie di biacca a olio, come si fa alle lettere in istampa, e poi stampire nel modo comune, e cosi tal foglia parrà nombrata ne' cavi e alluminata nelli rilievi, il che interviene qui il contrario.

Bekanntlich hat Auer in unseren Zeiten diese Kunst ausgebildet und also erneut. —

XIV.

Leonardo war, wie wir gesehen, sowohl bei dem Herzog Ludovico Sforza, als später bei Borgia Kriegsingenieur. Für diese Stellung ist sein Brief, den er an Sforza geschrieben, charakteristisch, welcher folgt, nachdem wir nicht anzuführen unterlassen werden, dass Leonardo in seinem Traktat der Malerei ausruft:

nelle bataglie per necessita accadono infiniti scorciamenti e piegamenti del compositori di tal discordia o vuoi dire pazzia bestialissima!

„Monseigneur, überzeugt, dass die Vorspiegelungen von allen denen, welche sich Meister in der Kunst des Erfindens von Kriegsgerät nennen, in Wirklichkeit nichts Nützliches oder Neues geleistet wird, was nicht schon gewöhnlich ist, beeile ich mich gegenwärtig, ohne jemanden schaden zu wollen, Eurer Herrlichkeit meine Geheimnisse zu entschleiern und sie, wenn es Ihnen gefällt, zur Ausführung zu bringen; denn ich wage zu hoffen, dass alle Dinge, welche ich in diesem kurzen Brief einreiche, das verlangte Resultat erreichen.

1. Ich weiß zu konstruieren sehr leichte Brücken, welche man leicht von einem zum andern Ort transportieren kann, und mit Hilfe welcher es oft möglich wird, den Feind zu verfolgen und ihn in die Flucht zu jagen. Dieselben sind sehr sicher und gegen Feuer geschützt, und widerstandsfähig im Wasser. Sie lassen sich leicht aufschlagen und abbrechen. Ich habe auch ein Mittel, die Brücken des Feindes zu zerstören und anzuzünden.

2. Ich habe ein Mittel gefunden, die Wasser bei einer Belagerung abzuleiten, Fallbrücken zu machen und eine Reihe Instrumente für solche Gelegenheit.

3. Wenn die Höhe der Mauern oder die Stärke der Position eines Platzes nicht erlaubt, in einer Belagerung mit den Kanonen zu nahen, habe ich ein Mittel erfunden, jeden Turm oder andere Befestigung, sobald sie nicht auf Felsen gebaut ist, zu ruinieren

4. Ich verstehe auch eine Art Kanonen (bombarde) zu fabrizieren, sehr leicht und bequem zu transportieren, welche entflammte Stoffe schießt, um Schrecken unter die Feinde zu verbreiten mit Hilfe eines großen Rauches, ihnen Schaden zuzufügen und sie in Unordnung zu bringen.

5. Ferner eine Methode, ohne Lärm die unterirdischen Gänge zu graben, um in einen Graben oder ein Flussufer zu gelangen.

6. Kräftige Wagen, offen, defensiv und offensiv, mit Artillerie versehen, dringen in die Mitte der Feinde ein; keine Waffenmasse gibt es, sie zu brechen, und dicht dahinter kann Fußvolk folgen ohne Schaden und Hindernis

7. Ich kann auch Bombarden gießen, wenn es nötig ist, Mörser und Feldgeschütze in schöner und

Abb. 22: Wissenschaftliches Instrument zur Messung des Dampfdrucks. Das Instrument besteht aus einem Behälter, der mit kaltem Wasser gefüllt ist und einem Deckel, an dem ein Gewicht befestigt ist. Durch das Anzünden des Feuers verdampft Wasser, und der Dampf neigt dazu, sich auszudehnen, den Deckel anzuheben und das äußere Gewicht zu senken, wodurch das Maß der Kraft gegeben wird, die der Wasserdampf auf den Deckel des Behälters ausübt. Das ganze Phänomen konnte von Leonardo durch eine elastische und semitransparente Wand aus Tierblase verfolgt werden, die an den Deckel des Behälters gebunden war.

nützlicher Form und für den gewöhnlichen Gebrauch.

8. Dort, wo die Bombarden nicht angewendet werden können, fertige ich andere Geschütze *(briccolè manghani, Arabucchi ed altri instrumenti)* von wunderbarem Effekt und starkem Gebrauch. Je nach Erfordernis werde ich die Offensivwaffe bis ins Unendliche variieren

9. Wenn das Geschick einer Seeschlacht droht, so habe ich eine Reihe Waffen und Instrumente für Angriff und Verteidigung in Bereitschaft; ebenso Schiffe, welche dem Feuer der größten Artillerie widerstehen (Panzerschiffe??) und Pulver und Feuerarten.

10. In Friedenszeiten wird es nützlich sein, zu allgemeinem Nutzen (benissimo a paragone di omni) Architektur zu pflegen, Gebäude für Private und die Öffentlichkeit, und die Wasser von Ort zu Ort zu führen.

Ich beschäftige mich auch mit Skulpturen in Marmor, in Bronze und in Erden; ebenso fertige ich Gemälde, alles was man will. Ich würde auch an der Reiterstatue in Bronze arbeiten können, welche zum unsterblichen Ruhm und ewiger Ehre, also auch zur glücklichen Erinnerung Eurer Herrlichkeit Vaters und des fürstlichen Hauses Sforza errichtet werden soll.

Wenn einige dieser Sachen, von denen ich geredet habe, unmöglich und unausführbar erscheinen sollten, so biete ich mich an, sie auszuführen in Eurem Park oder an einem Ort, wo Ew. Exzellenz will, — womit ich ergebenst mich so viel als möglich empfehle."

Dieser Brief ist im Codex Atlanticus enthalten und unzählige Male kopiert und ediert Am sorgfältigsten hat ihn jedoch Francesco di Giorgio Martini geprüft und sich die Mühe gegeben, die darin enthaltenen Versprechungen durch wirkliche Entwürfe, Projekte etc. in den Manuskripten zu belegen. Es ist ihm dies nicht nur gelungen, sondern er hat im Codex Atlanticus eine solche Fülle von Material für die Beantwortung der zehn Paragraphen gefunden, dass er eine überreiche Ausbeute für seinen Trattato di Architettura civile e militare (1841, Turin, Carlo Promis) sammelte.

Von den Entwürfen zu Feuerwaffen speziell, die von Leonardo in Menge vorgeführt sind, haben verschiedene Schriftsteller kleinere oder größere Auswahl getroffen und ediert, so besonders Angelucci,

Documenti inediti per la Storia delle armi da fuoco Italiane. Venturi hat die folgenden Abschnitte nach den Pariser Manuskripten publiziert:

„Weil heute die Artillerie ihre Kraft um ¾ vermehrt hat, muss man den Widerstand der Mauern auch um ¾ vermehren. — Das Ravelin ist der Schlüssel des Platzes; wie er den Platz verteidigt, so muss er vom Platze verteidigt werden. Das Ravelin, mehr entfernt vom Platze, ist den Schüssen der Angreifer mehr ausgesetzt. Der Feind suche sich in den Trancheen des Glacis einzunisten, welches die Gräben LB und HK begrenzt (Fig. 36), und richte sein Feuer so, dass es das ganze Ravelin zerstört. Alle Partien des Glacis und Ravelins müssen dem Bombardier des Platzes sichtbar sein. Keine Artillerie darf A treffen. Die Fig. 37 gibt ein Bild eines Ravelins für ein Fort. Diese Fortifikation beherrscht den

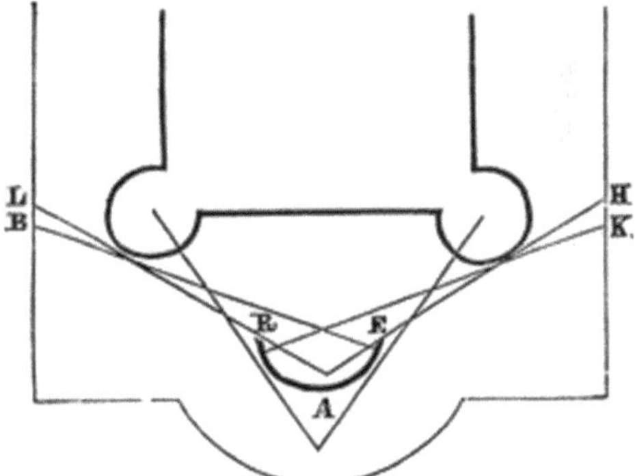

Fig. 36

Graben und die Wälle. (Fig. 38.) Wenn ein Feind A eingenommen hat und die Gräben mit Erde ausfüllt, setzt er sich der Artillerie aus, die die Gräben entlang schießt. In einer Festung auf dem Gebirge muss man ringsum tiefe Keller graben, um zu verhindern, dass der Grund durch das Feuer von unten her zerstört wird. Die Keller, welche man unter der Erde herstellt, um die Mauer einer solchen Festung zu stützen, müssen unter der unteren Mauerpartie aufgeführt sein, etwa wie in Fig. 39 gezeigt wird. Die Galerie AB soll etwa 1½ Ellen breit sein auf 3 Ellen Höhe. Man wendet bei B im rechten Winkel, so bei C und D bis zum Turm FG und fährt so fort. Wenn die Mauer terrassiert ist, muss man den Turm jenseits der Mitte der Mauerdicke plazieren." Eine andere Stelle handelt von den Minen und deren Anlage. Leonardo bespricht ferner die Wirksamkeit einer steinernen Kugel gegenüber dem Bleigeschoss

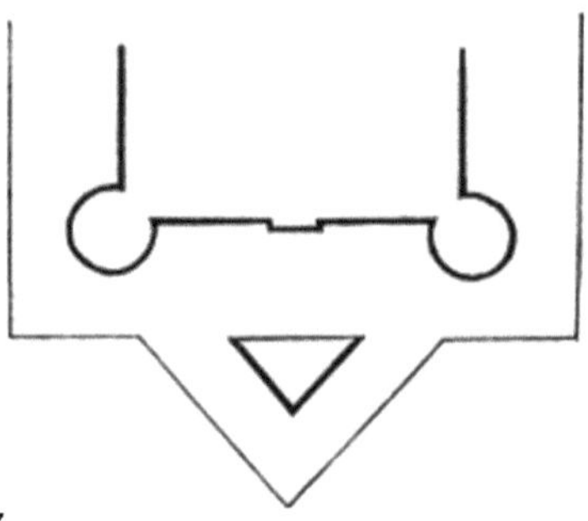

Er erläutert dies alles noch durch Zeichnungen und Angaben, während eine Reihe Tafeln nur von Details und besonders Befestigungen, Sturmmaschinen, Artillerie u. s. w. reden.

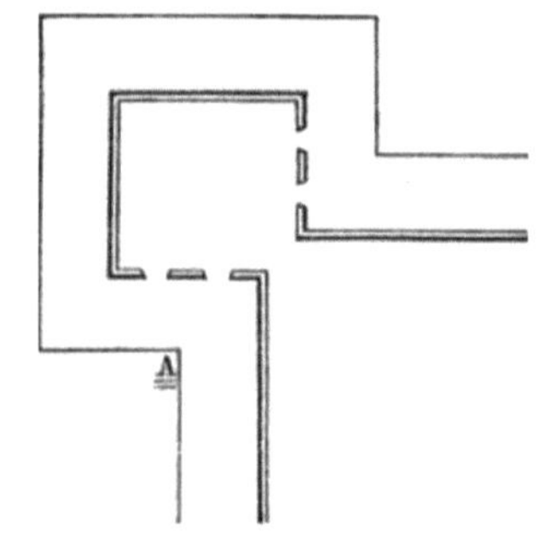

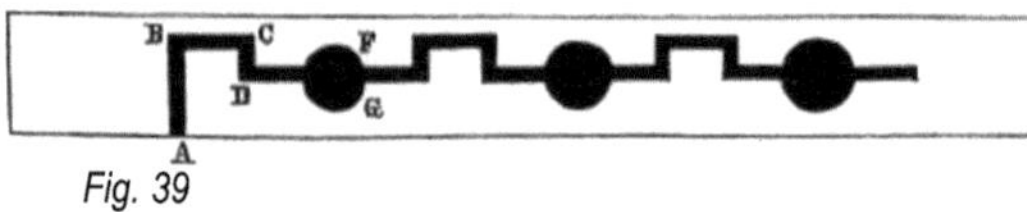

Unter diesen Zeichnungen sind die interessantesten folgende: Der Architronitus oder die Dampfkanone, welche wir oben bereits abgebildet und beschrieben. Sie ist es, die uns lehrt, dass der Gebrauch des Wasserdampfes und seiner Expansion zu Leonardos Zeit nichts Ungewöhnliches, keine neue Idee war, und es beweist dies auch die (auf Tafel 300 gegebene) Vorrichtung, um Wasser zu heben, bewegt durch Dampf, und die gegen den Strom gehende Barke (Fol. 233), dass die hierin ausgedrückten Kenntnisse über den Wasserdampf der Zeit des Leonardo angehörten. Unter der Zahl der Kanonenkonstruktionen finden wir mannigfache sinnreiche Stücke, rotierende, drehbare Mitrailleusen, — ferner viele andere Geschütze unter Anwendung von Schleuderkraft und Schwungkraft, mächtige auf Rä-

der gestellte Armbrüste, ferner ganze große Batterien von Büchsenläufen, die auf dem Mantel großer Treträder tangential in 4 bis 8 Reihen aufgebracht sind und nach einander abgeschossen werden.

Die Herstellung von Kanonen scheint ihn besonders beschäftigt? zu haben. Wir finden im Codex Atlanticus eine Zeichnung, die uns lehrt, mit was für einem Instrument Leonardo bohrte, d. h. offenbar nachbohrte und Züge einschnitt. Dasselbe erscheint als ein Zylinder, welcher der Längsachse nach mit Leisten von rechteckigem Querschnitt und scharfen Kanten besetzt ist, welche in gleichen Zwischenräumen gleich der Hälfte ihrer Kopfbreite aufgestellt sind. In diese Leisten ist eine Spirale eingeschnitten, die allerdings erhabene Züge hervorbrinen müsste Das Rohr ist vorn und hinten offen, — also wie bei unseren Hinterladern, — und am vorderen Ende erblicken wir die Bohrstange hervorragen und mit Hebeln zum Drehen versehen. Einige der Kanonen zeigen Ornamentik und stellen wohl Festkanonen vor, wie solche dazumal viel gefertigt wurden.

Über die Geschosse, ihre Gewichte, ihre Flugbahn, sowie über Tragweite der Geschütze finden sich oft Bemerkungen. An einer solchen Stelle sagt Leonardo da Vinci:

„Die Kugeln der Bombarde machen eine Meile in fünf Zeitabschnitten, von welchen Zeiten eine Stunde zusammengesetzt ist von 1080 u. s. w.“, wobei er auf das Resultat kommt, dass eine solche Kugel per Sekunde 110 Meter macht. —

Also auf diesem Gebiet leistete Leonardo da Vinci Bedeutendes. Die Anerkennung, welche er bei seinen Zeitgenossen fand, war groß; wir haben bereits oben gesehen, dass Magenta bei seinen Befestigungsarbeiten für Florenz den Leonardo fleißig studierte Ebenso befahl Valentin Borgia allen seinen Platzingenieuren, sich nach den Anordnungen des Leonardo zu richten.

XV.

Wir haben uns bereits im III. Abschnitt unseres Resumés bemüht zu zeigen, in welcher Blüte die Industrien in einzelnen Städten und Ländern von Italien standen und arbeiteten. Diese letzte Behauptung belegt nun Leonardo noch ganz besonders durch die zahlreichen Dessins und Skizzen, welche er bezüglich des Maschinenwesens hinterlassen hat. Es würde lächerlich klingen, wollten wir behaupten, alle diese Skizzen seien Inventionen des großen Mannes, — es wäre aber ebenso lächerlich, wenn wir ihm nicht zuerkennen wollten, dass er für die bessere Gestaltung und den Gang der Maschinen und Apparate viel getan habe, — ebenso wie es absurd erscheinen müsste, wenn wir die maschinelle Arbeit in jener Zeit nicht anerkennen wollten! Mit den geschichtlichen Daten vielmehr stimmen die Leonardoschen Skizzen vorzüglich überein! Wir haben gesehen, welchen Ruf die Florentiner für ihre Appretur hatten — und wir finden bei Leonardo trefflich ausgeführte Zeichnungen von Schermaschinen, Waschmaschinen, Pressen und Kalander Wir wissen, dass Bologna durch seine Spinnerei dominierte, und wir finden bei Leonardo schön durchdachte Spinnapparate, welche das später erfundene Jürgens'sche Spinnrad weit hinter sich lassen an Vollkommenheit. Die Bauten in Mailand und Florenz stiegen mächtig empor — und wir finden bei Leonardo Steinsägen und Instrumente, die Steine zu bearbeiten. Ist dies alles so ganz zufällig? Gewiss nicht! Die Blüte der Industrie musste den Leonardo anregen zur Teilnahme an dem wissenschaftlichen Teil, ihn den geschickten und aufmerksamen Mann, — und andererseits konnte es nicht fehlen, dass die Industrie sich bei diesem talentvollen und zugleich menschenfreundlichen Manne Rats einholte, ihn anging, ihre Maschinen zu verbessern und neue zu erfinden. Das bedeutendste Argument aber, dass eine gewisse Entwickelung des Maschinenwesens mit Leonardos Talent dafür zusammentraf, finden wir in der Gestalt, Form und in den Details der Maschinenskizzen des Leonardo. Da ist nichts von der Plumpheit der Formen, wie bei allen späteren Illustrationen Jahrhunderte lang noch vorwaltete, nichts von verwickelten und albern erscheinenden Kombinationen, — alles ist proportioniert und richtig berechnet, ja oft von einer gewissen eleganten Form, und die Details zeigen eine Fülle von Mechanismen, die dem Leonardo das Abc der Maschinenkonstruktion scheinen. — Für uns, die wir die Manuskripte Leonardos durchstudiert haben, die wir die Geschichte der Industrie seiner Zeit prüften, die wir das Leben und die Stellung des Mannes zu durchschauen uns bemühten, die wir die Tätigkeit seines Geistes, die Solidität seines Schaffens und Denkens, seine Abneigung gegen unfruchtbare Spekulationen und Spielereien kennen, — für uns steht fest, dass Leonardo da Vinci seine Zeichnungen nach den und

für die Maschinen seiner Zeit gemacht hat, dass er ebenso von ihnen gelernt und sie verbessert, vielleicht manche neue erfunden hat.

Grothe hat sich über die Art und Weise, wie wohl Leonardo arbeitete, folgender maßen verbreitet (Polyt. Zeit. 1873 No. 10):

„Bevor ich auf die vielen Maschinenkonstruktionen des Leonardo eingehe, muss ich zunächst den Eindruck bezeichnen, den man bei dem Studium der zahlreichen Manuskripte gewinnt über die Art und Weise, mit welcher Leonardo da Vinci an den Entwurf, resp. die Konstruktion einer Maschine herangegangen ist und dabei zu Werke gegangen ist. Natürlich rede ich hierbei nur von dem Eindruck; aber die Zahl seiner Studien zu solchen Zwecken ist so groß, und stets zeigt sich dabei eigentlich dieselbe Methode, — so dass man wohl den hieraus gewonnenen Eindruck als einen der Tatsache nahe verwandten erachten kann. — Ist dem Leonardo eine Aufgabe gestellt gewesen, so hat er sich eine allgemeine Idee der Lösung gebildet und meistens diese flüchtig skizziert, und dann beginnt er die Details zu durchdenken und alle Momente ins Auge zu fassen. Dies zeigen die zahlreichen Details und Variationen derselben, von denen die meisten seiner Hauptblätter entouriert sind, ferner mathematische Figuren und Rechnungen und eingeschriebene Bemerkungen, zuweilen speziellere Erklärungen der Figuren. War er dann mit seiner Konstruktion zu Ende gelangt, war sie in allen Teilen fertig, so nahm Leonardo ein frisches Blatt, und in sicheren Strichen steht dann die Zeichnung da. Hat ihm die Lösung nicht gefallen oder ist ihm die ganze Sache langweilig geworden, so zeichnet er mitten zwischen diese Details wohl eine Fratze oder eine Arabeske. — Für die Rein-Zeichnungen muss man rühmend erwähnen, dass sie sich gegen die späteren Zeichnungen, wie sie Vegetius Renatus, Salomon de Caus, Besson, Ramelli, Reimondus Montus, Zeising, Verantius, Branca, Nicolai Zucchio, Paulo Casato, Jungenickel, Kircher, Furttenbach, Böckler, Leupold, Gallon u. s. w. geben, vorteilhaft auszeichnen durch Richtigkeit der Perspektive und Wirksamkeit der Schattenprojektion, sowie durch proportionierte Formen der Gestelle, Getriebeteile u. s. w. Als Beispiel hierfür führe ich die in dem Codex Atlanticus in Mailand auf Blatt 195 (No. II) dargestellte Maschine zum Zersägen der Steine resp. des Marmors an. Leonardo gibt hiervon auf der Mitte des Blattes eine kleine flüchtige Skizze,

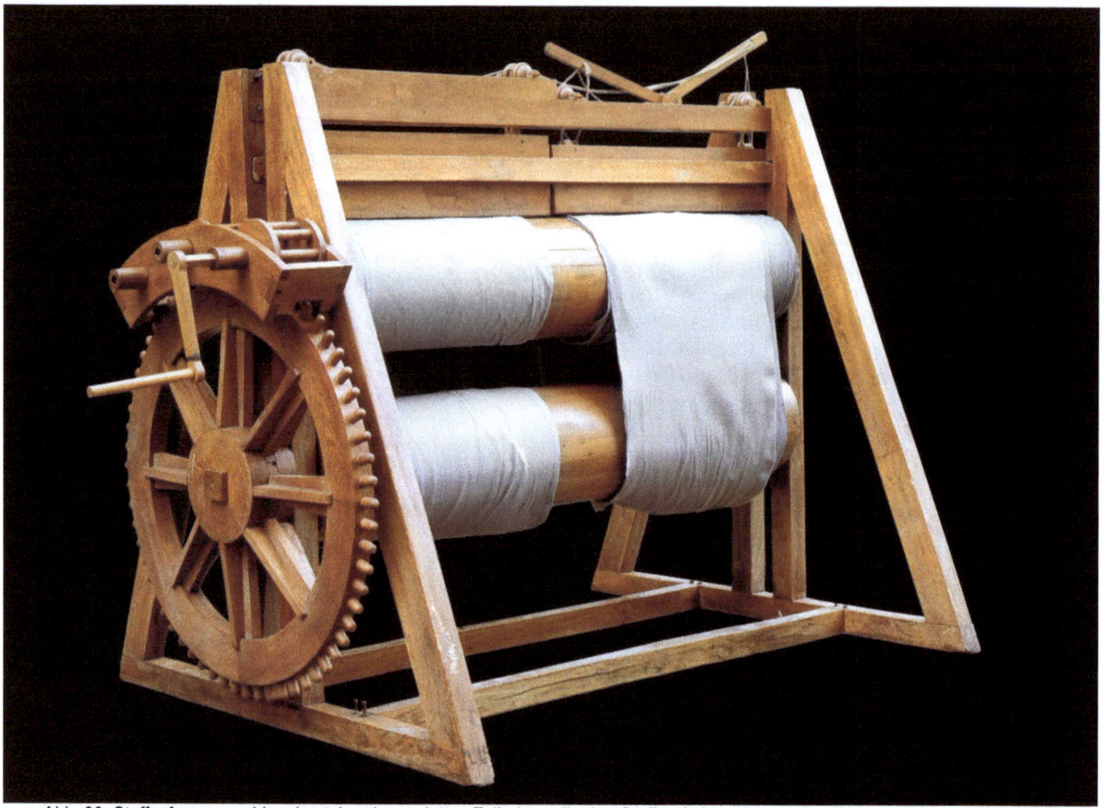

Abb. 23: Stoffaufzugsmaschine, bestehend aus glatten Zylindern, die den Stoff auf einer rotierenden Trommel führen und strecken. Leonardo versucht mit diesem Entwurf, die Maschinen so zu verbessern, dass sie nicht an eine vorbestimmte Länge des zu kardierenden Wollstoffs gebunden sind.

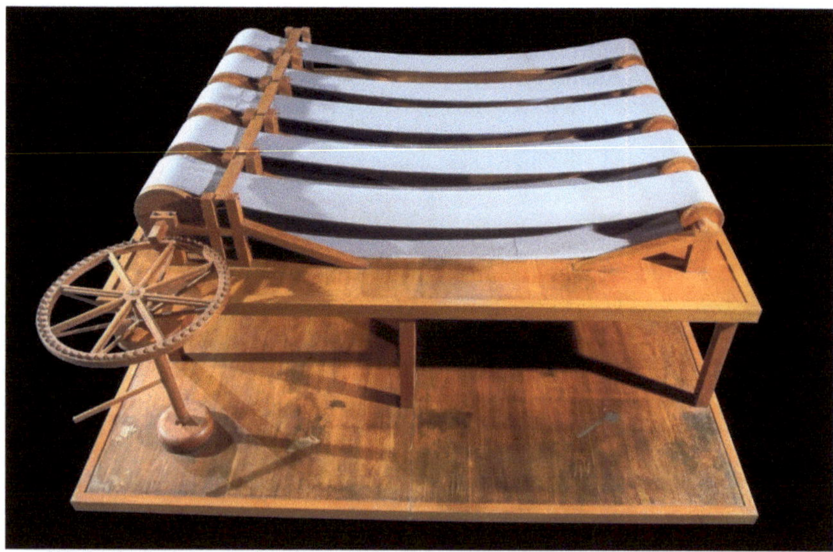

Abb. 24: Stoffaufzugsmaschine für fünf Rollen.

nebenher und darunter noch mehrere, dann beschäftigt ihn die Befestigung der beiden Sägeblätter in einem Rahmen speziell, sodann die Bewegung dieses Rahmens. In einigen Sätzen, die er zwischen diese Details schrieb, setzt er seine Ideen über die Balance der Säge auseinander und über die gleichmäßige Einführung der Schmirgelmaterialien in die Schnittlöcher. Er kommt zu der Überzeugung, dass die Sägenblätter doppelt so lang sein müssten als der Stein selbst, wenn der Zug der Säge die Steineslänge betragen solle, und dass die Zugstangen auf festen, aber je nach der vorgerückten Tiefe des Schnittes versetzbaren Unterlagen sich bewegen müssten, die auch nach der Seite hin die Bewegung normalisieren Durch solche eingehende Betrachtungen, von ca. 32 Detailzeichnungen und Skizzen begleitet, gelangte dann Leonardo zu der Schlusskonstruktion, die er uns in einer perspektivischen Ansichtszeichnung, mit Sepia schattiert, so vorführt, dass sie einmal zeigt, wie Leonardos Konstruktion mit der heutigen in Carrara u. s. w. gebrauchten Marmorsäge identisch ist, sodann aber dass sie sicherlich für die Praxis bestimmt war. Ganz ähnlich könnte ich hundert Beispiele aus Leonardos Manuskripten beibringen." Wir geben hier die ganze Tafel des Leonardo

Die allgemeine Maschinenlehre, wie sie Leonardo in seinen Manuskripten in der Tat aufbewahrt hat, ist überraschend umfangreich.

Beginnen wir mit den Motoren, so finden wir bei ihm das Wasser als den ersten und hauptsächlichsten Motor benutzt, daneben aber die Menschenkraft am Tretrad in vielerlei Gestalt und an der Kurbel.

Die heiße Luft wendet er bei einem Bratspieß an zur Bewegung desselben, und mit Dampf bewegte er eine Pumpe und eine Barke. Wir wollen die letzten Beispiele als Kuriositäten und Zufälligkeiten hinnehmen und wollen die Treträder nicht weiter speziell betrachten, trotz der reichen Fülle der Variationen ihrer Konstruktion bei Leonardo, sondern wollen seine Ideen für die Konstruktion der Wassermotoren näher beleuchten.

Dass Leonardo die gewöhnlichen, seiner Zeit bekannten Wasserradkonstruktionen wiedergibt, ist ja natürlich. So gibt er die alten Löffelräder,[21] in verschiedenen Variationen, sowie mittel- und oberschlächtige und unterschlächtige Räder, die nur wenig von den Konstruktionen derjenigen abweichen, die allerdings erst nach Leonardo zuerst durch Druck und Illustration bekannt wurden. Dagegen

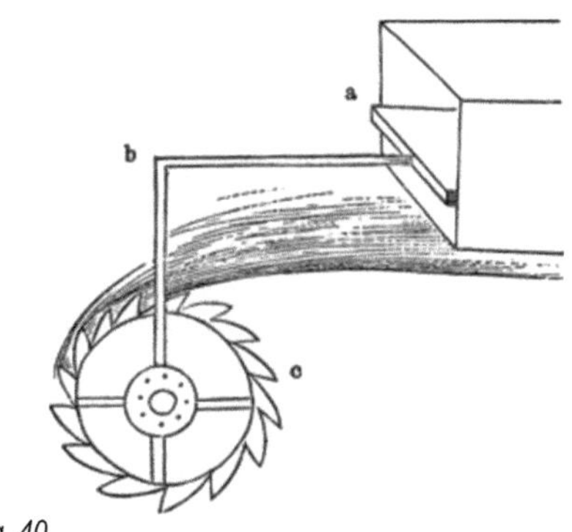

Fig. 40

finden wir auch eine Zahl anderer Ideen und Skizzen bei Leonardo, welche uns lehren, dass der große Ingenieur bestrebt war, eine bessere Ausnutzung der Wasserkraft zu erzielen. Er wurde hierauf wohl durch seine Beobachtungen über die Bewegung des Wassers in Flüssen und Kanälen hingeführt.

Wir bringen in folgenden Abbildungen z. B. Fig. 40a. Ideen des Leonardo zur Anschauung, die Beachtung verdienen und die Konstruktionen hier

Fig. 40a

und der darauf folgenden Zeit übertreffen. In Fig. 40 finden wir zunächst das oberschlächtige Rad c mit einer Schaufelstellung, die bereits rationeller gedacht ist und bei welcher der wasserhaltende Bogen sehr vergrößert ist. Die Anordnung bei a aber lässt darauf schließen, dass Leonardo eine Art Spannschützen im Auge hatte. a ist deutlich skizziert als ein verschiebbarer, ausziehbarer Boden. Ob nun das Rad in den Armen hing, die von a ausgingen, ist zweifelhaft; vielmehr scheint es, als ob dieser Arm

67

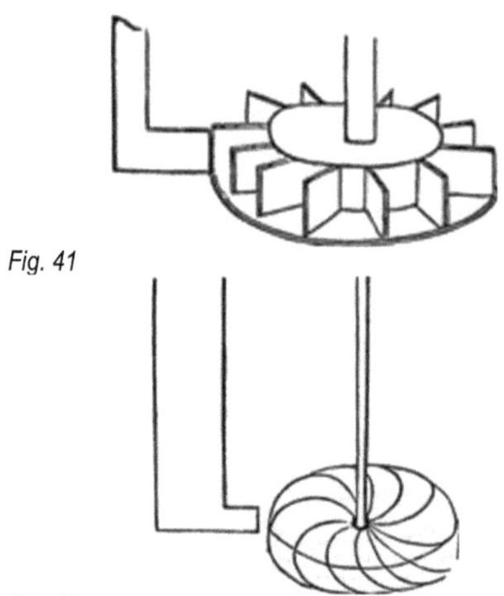

Fig. 41

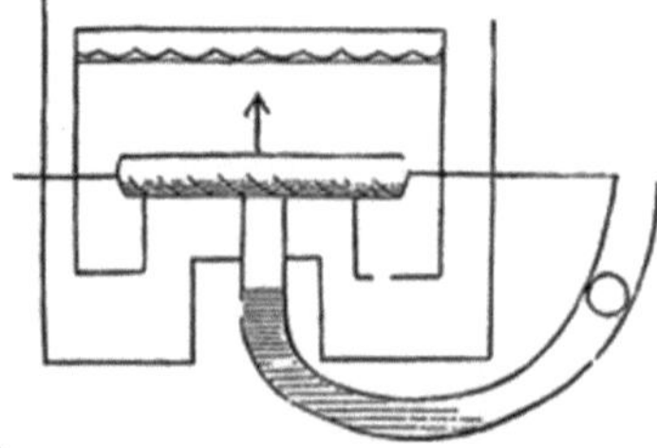

Fig. 42

eine Art Regulierung des Zuflusses mittelst eines
am Rad vorhandenen Mechanismus vollführen soll-

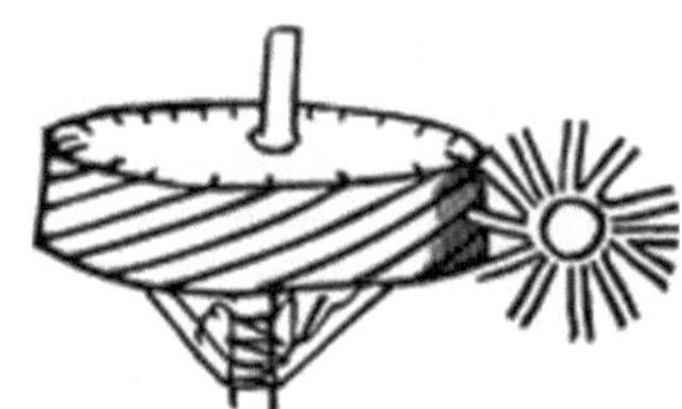

Fig. 43

te. — In Fig. 41 ist eine Umänderung eines Löffel-
rades, aber in wesentlich verbesserter Gestalt gegeben. Hier schließt eine volle Scheibe zunächst das
ganze horizontale Rad. Um einen Radkern auf der
stehenden Welle sind dann die stehenden Schaufeln
radial aufgesetzt, so dass dieselben förmliche Kasten mit Kernmantel und Scheiben bilden. Das Wasser wird in einem stehenden Rohre zugeleitet und
strömt durch eine rechtwinklige Umbiegung desselben direkt in die Zellen ein. Der Gedanke der Auf-
sammlung des Wassers in stehenden Röhren und
Zuleitung durch Wassersäulen in freier Ausströ-

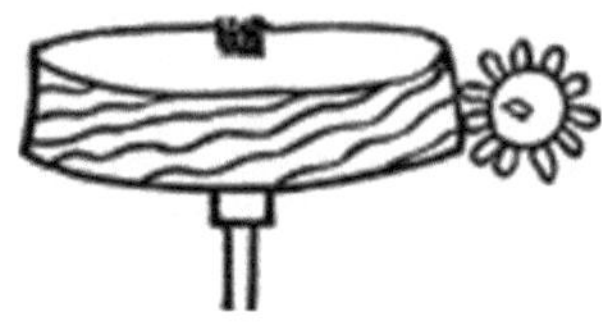

Fig. 44

mung auf diese Räder ist höchst bemerkenswert —
In Fig. 42 finden wir eine andere Lösung derselben
Idee; hierbei ist das horizontale Rad mit Kurven-
schaufeln versehen. Leider ist die Skizze desselben
undeutlich; vielleicht drückte sie viel mehr aus, als
jetzt ersichtlich ist. Fig. 43 aber führen wir eine
Skizze vor, welche dem unbefangenen Beobachter
selbst als eine Idee zu einer Turbine (à la Fourney-
ron) erscheinen möchte. Dieselbe steht auf einem
Blatt des Codex Atlanticus, welches fast nur Skizzen hydraulischen Charakters enthält, unter Anderem mehrere Skizzen von Wässerrädern, fol. 283.
Wir enthalten uns, wie gesagt, jeder positiven Behauptung hierüber, — da ein Aufschluss gebender
Text in dem Manuskript fehlt.

Fig. 45

Zu den Arbeits-Maschinen selbst übergehend,
führen wir zunächst folgende Einleitung aus der Polyt. Zeitung (Grothe) hier an:

Wenn Reuleaux in der Einleitung zur Kinematik
Leupold in der ersten Hälfte des 18. Jahrhunderts
als den ersten Mechaniker nennt, der in seinem
Werke Theatrum machinarum die Maschine in einzelne Teile zu zerlegen begann und diese für sich
betrachtete, — so bedauern wir, dass dem geistvol-
len Förderer der Kinematik eine Einsicht in die
Werke Leonardos nicht vergönnt war [— wie es ja
leider seit Leonardos Tode nur 8–10 Männer gegeben hat, die diese Manuskripte studierten, und auch
von diesen taten wieder mehrere dies nur zum Amü-
sement und betrachteten Leonardos Leistungen auf
diesem Gebiete nur als Curiosa, wie z. B. der Artis-
te 1841 nur eine ausführliche Wiedergabe der Leonardoschen Dampfkanone brachte, die in Förster's
Bauzeitung von 1855 p. 143 übergegangen ist. Und
doch schreibt auch hier der Publizist: „So wunderbar die Sache ist, so ist sie nichts desto weniger
wahr; die Dampfkanone wird von dem unsterblichen Maler des heiligen Abendmahls und zwar mit
einer Genauigkeit beschrieben und skizziert, welche
nicht den geringsten Zweifel gestattet."] Die größere Veröffentlichung von Venturi enthält nur die Gedanken des Leonardo über Prinzipien der Physik
und Mechanik, nichts (wenigstens nichts von seinen

68

Fig. 46

Zeichnungen, die hierfür Hauptsache sind) über seine maschinellen Konstruktionen und mechanisch-praktischen Studien. Wenn Leupold nun die Maschinen zu zerlegen anfing und eine Betrachtung

Fig. 47

der Details folgen ließ, — so betrachtete Leonardo mit Rücksicht auf einen vorgesetzten Zweck zuerst die ihm zu Gebote stehenden oder möglichen Maschinenteile und setzte daraus eine Maschine zusammen. Dabei spielte die Art der Bewegung der einzelnen Teile eine Hauptrolle. — Unter den Mit-

Fig. 49

teln und Anordnungen, seinen Zweck zu erreichen, beweist Leonardo einen klaren Blick und ein umfassendes Genie, neue Mittel zu erfinden, die seinem Vorsatz zu Hilfe kommen sollen. Dies wird uns aus vielen seiner Entwürfe ganz einleuchtend. Wir wollen hier nun eine Reihe von Bewegungsmechanismen mitteilen, die Leonardo kannte und bei Gelegenheit anwendete oder auch auf Anwendbarkeit betrachtete und prüfte. In dem Ambrosianischen Codex Fol. 364 ist eine Betrachtung Leonardos dieser Art aufbewahrt. In Fig. 44 geben wir danach Leonardos Skizze wieder für eine Bewegungsübertragung mittelst eines Rades, dessen Mantel mit spirallinigen Nuten versehen ist, in welche die Stäbe des getriebenen Speichenrades eingreifen und dieses somit in eine gleichförmige Umdrehung versetzt wird. Bei der Einrichtung in Fig. 45 sind die Nuten in wellenförmigen Kurven am Mantel herumgelegt. Figur 46 zeigt dagegen eine Zickzacknut, die in einem Gange um den Mantel gelegt ist. Das getriebene Rad erhält dadurch eine fortschreitende Bewe-

gung mit kleinen Ruhe- und Rückgangsintervallen. — Bei Figur 47 und 48 will Leonardo durch das Rad direkt ein Werkzeug bewegen, und zwar versieht er die obere und untere Kante des Mantels 3 in Fig. 47 mit scharf absetzenden Zähnen, deren Gipfelpunkte in der Parallelen zur Treibachse und in einer Linie liegen. Diese Zähne werden berührt unten und oben von den Armen einer Zange, deren Maul und Arbeitsbacken nach außen gestellt sind. Federn drücken die Hebelarme mit dem Maul zusammen und wirken dadurch auf die Griffe der Zange und bewirken, dass dieselben stets auf der Kante der Mantelzähne schleifen. Befinden sie sich auf den Höhen der korrespondierenden Zähne, so erfolgt ein Öffnen der Zange, gleiten sie zum Fuß der Zähne,

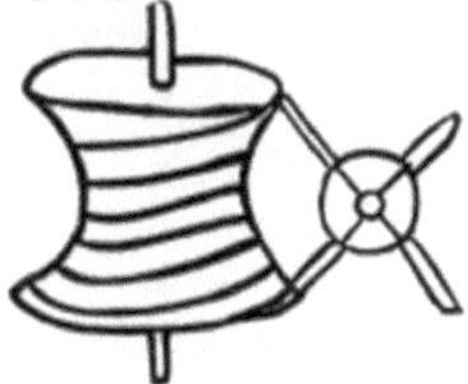

Fig. 48

so erfolgt durch Wirkung der Federn plötzlicher Schluss der Backen. In der Figur 48 ist bloß ein Zahnausschnittskranz des Rades vorgesehen zur direkten Bewegung eines schweren Schmiedehammers. — Alle diese Räder muss man sich vorstellen

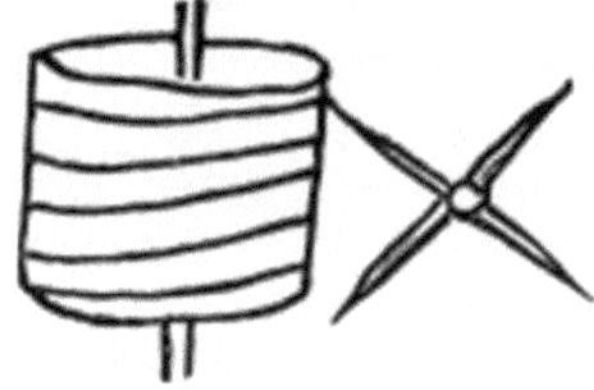

Fig. 50

als auf einer Turbinenachse aufgesetzt; Leonardo zeichnet ein horizontales Wasserrad unter Fig. 48 unmittelbar darunter. — In Fig. 49 begegnen wir der allerdings interessantesten Idee. Leonardo denkt hier an ein hyperbolisches Schraubenrad oder eine von Nuten in Spiralkurven umzogene Hyperboloide als Radform. Die Kurve der Hyperboloide ist hierbei durch den Kreis bestimmt, welchen die Umdrehung des getriebenen, vierarmigen Rades zur Umdrehung verlangt, während der Gedanke des Leonardo den unteren ankommenden Flügel von dem Anfang der Nut erfassen lässt, in demselben Moment, wo der obere Flügel die Kurvennut verlässt. Mir scheint, dass Leonardo die unmittelbar unter

Abb. 25: Modell eines Panzers. Abdeckung teilweise aufgeschnitten, um die Sicht auf das Getriebe freizulegen.

Abb. 26: Dieses Modell stellt eine Kanonenbatterie (bzw. ein Maschinengewehr) dar, die aus 8 kleinen fächerförmigen Kanonen besteht. Der Wagen ist dank einer Schnecke genau einstellbar.

Fig. 49 folgende Fig. 50 nur angegeben hat zur näheren Berechnung der Kurven auf den Flächen des Hyperboloids; es stimmen die Gänge und die Lage derselben überein. — In Fig. 51 ist ein Eingriff eines Zahnrades in ein Drehlingsrad auch als kegelförmiges Stabrad gedacht, während der Drehling ebenfalls Kegelrad ist. In der kleinen Skizze Fig. 52 denkt Leonardo zunächst an ein Zahnrad, mit welchem ein in schräger Ebene dazu wirkendes getriebenes Rad zusammenarbeitet. Augenscheinlich beschäftigt Leonardo in dieser Skizze der Gedanke an eine schräge Verzahnung, die er dann in den folgenden Figuren 53 u. 54 zur Bewegung einer Schnecke ausführt, in einer Art von Hyperbelrädern.

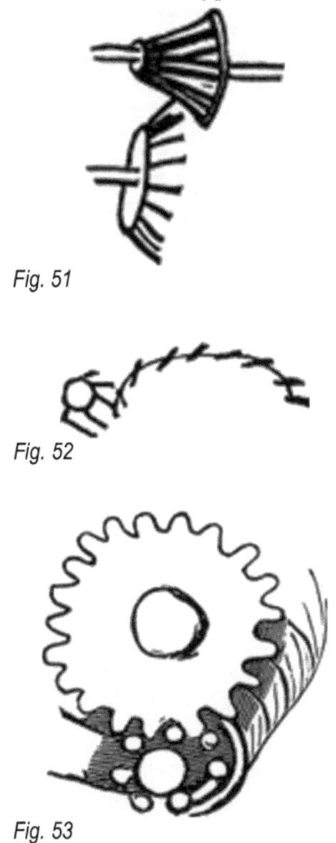

Fig. 51

Fig. 52

Fig. 53

In Fig. 55 gibt Leonardo seine Idee über die Benutzung des Friktionskegelgetriebes.

Er denkt in einer andern ähnlichen Skizze an den Betrieb von drei stehenden Kegelrädern, welche zusammen mit einem hängenden arbeiten.

Die folgende Gruppe (Fig. 56, siehe umstehend) von Mechanismen zeigt die ersten Anfänge und Studien zu den Kegelrädern in Figur 7 und 8. Fig. 8 ist

offenbar nur eine Untersuchungsfigur, um etwa die Umgangsverhältnisse der in Fig. 7 dargestellten drei Scheiben des Kegelrades klar zu machen. Ein sonderbares aber zu den flachkonischen Rädern gehöriges Räderpaar ist in Fig. 5 dargestellt. Die Zähne haben dabei im Durchschnitt die Gestalt eines rechtwinkligen Dreiecks, dessen größere Kathete in die Ebene des Rades fällt. Außerordentlich vertraut ist Leonardo mit den Schraubenrädern. Auf der angeführten Tafel 364 behandelt er die durch Schraube ohne Ende getriebenen Zahnräder unter rechtwinklig geschränkten Achsen wie ein ganz geläufiges Konstruktionsmittel, und so auf einer großen Anzahl anderer Blätter und in vielen Maschinenkonstruktionen. So benutzt er eine Anordnung, wie Fig. 1 zeigt, ziemlich oft, sogar bei dem Bewegungsmechanismus eines Flugapparates.

Bei einer Maschine zur Streckung des Eisens

Fig. 54

benutzt Leonardo Schraubenräder zur Übertragung, bei welchen die Schraube ohne Ende dreimal eingeschaltet ist. Bei derselben ist auch ein getriebenes Zahnrad mit Schraubenmutter im Zentrum versehen, welche die mit Schrauben ganz versehene Zug-

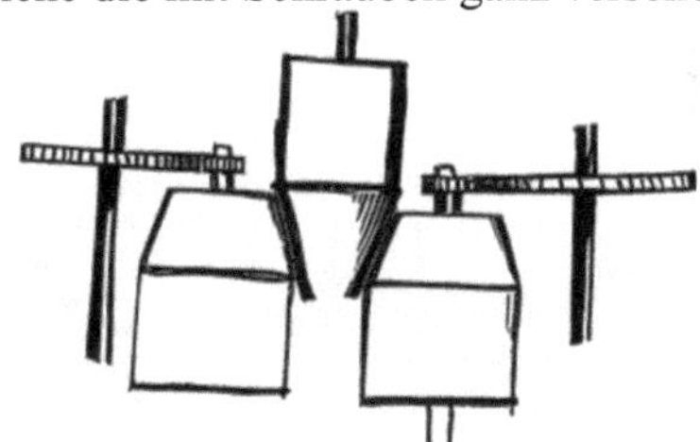

Fig. 55

stange voranzieht. Bei dieser Gelegenheit gibt Leonardo zugleich eine Berechnung der Bewegungsübersetzung bis auf die Walzscheibe vom Wasserrad her.

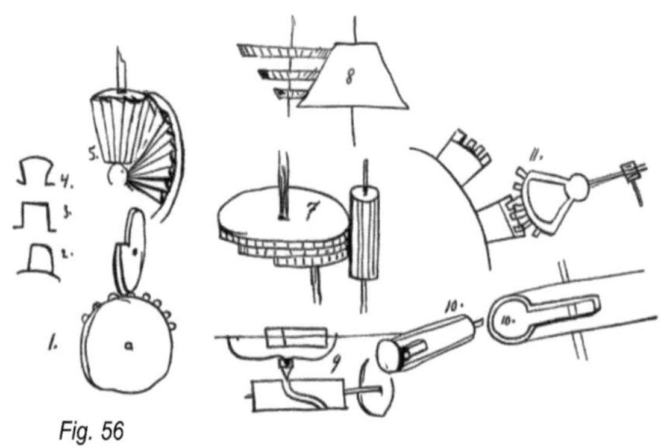

Fig. 56

Die intermittierende, aussetzende Bewegung sucht Leonardo häufig und auf verschiedene Weise zu erreichen. Hierzu dienen ihm Daumenwalzen vorzugsweise, sodann Mechanismen, wie bereits oben abgebildet. Auf vorstehender Gruppe in Fig. 11 gibt Leonardo noch eine andere Anordnung.

Die Zahnräder behandelt Leonardo ebenfalls sorgfältig, und dass er nach Zahnformen gesucht hat, davon zeugen die Skizzen 2, 3, 4 und andere. Höchst interessant sind seine Räder mit schräger Verzahnung, sowohl bei konischer, als zylindrischer Grundform (Fig. 57). Es sind dies auch die ersten Beispiele von Hyperbelrädern. Leonardo hat dieselben rechtwinklig zur Übertragung von Bewegung benutzt und dabei den Trieb selbst mit schräger Verzahnung versehen. — Die Zahnformen haben im allgemeinen bei Leonardo eine viel gefälligere und zweckmäßigere Form, als bei den späteren Illustrationen hervortritt.

Fig. 57

Hin- und hergehende Bewegungen erzeugt Leonardo teils mittelst Kurbeln und Zugstangen, teils durch Nuten und Stifte. Eine solche gleitende, alternierende Bewegung eines Pumpenkolbens ist durch eine Kurvennut in Fig. 9 dargestellt, zugleich ein sehr interessantes Beispiel für Pumpenkonstruktion. Eine größere Anwendung der Nut zeigt auf dem Mantel einer großen zylindrischen Scheibe acht

Fig. 58

Zickzackkurven, in welche der Gleitstift eines Mechanismus einragt.

In Fig. 58 und 59 sind die Stell- oder Klinkräder dargestellt, deren sich Leonardo bei der Bewegung der Seilwinden bediente, teilweise um direkt Seile auf die Achse dieser Räder aufzuwinden, teilweise, um durch die Bewegung der mit Schraubengängen

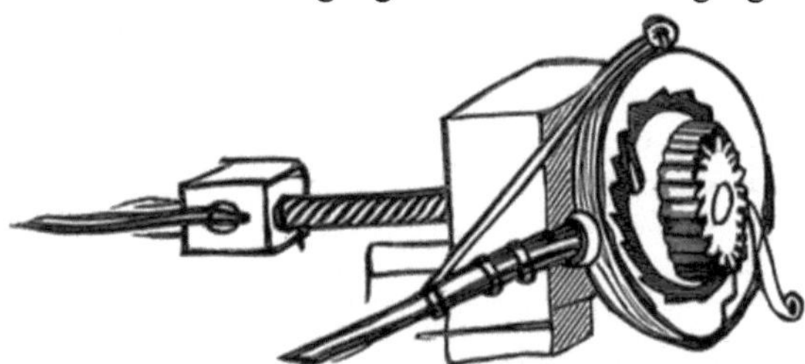

Fig. 59

versehenen Achse eine Mutter heranzuziehen, an welcher mittelst Ring und Tauen die Lasten befestigt sind. Sehr zweckdienlich sind hierbei die mit innerem Zahnkranz versehenen, eine volle Scheibe auf der Achse mit zwei diametral gegenüberstehenden Eingriffklinken umfassenden Bügelscheiben mit Hebel.

In einer Zeichnung des Räderwerkes einer Uhr wendet Leonardo zwei Steigräder an, deren Zähne um ½ verstellt sind, eine oszillierende Hemmung greift in diese Zähne ein. (Die Uhr ist übrigens mit Doppelwerk.) Die Anwendung von Riemen und Riemenscheiben findet sich in Leonardos Entwürfen seltener vor. — Bewegungsübertragung durch Zahnstangen finden sich ebenfalls vor, zumal bei Uhrwerken.

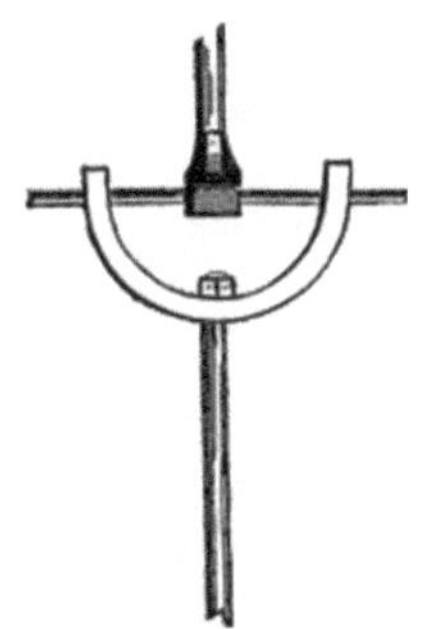

Fig. 60

Sehr interessant ist Leonardos Bekanntschaft mit dem Universalgelenk, für das bisher Cardanus als früheste Quelle angegeben wurde. Wir geben die Zeichnung davon in Fig. 60.[22] Von Kuppelungen finden wir bei Leonardo die in Gruppe Fig. 56 als Fig. 10 dargestellte. Sonst hat er die Kuppelung auch wohl durch Scheiben mit Verzahnung bewirkt.

Sehr vielfach wendet Leonardo Kurbeln an, sowohl an den Enden der Welle, als auch in dieselben eingeschaltet.

Die Lage der Wellen mit ihren Scheiben horizontal, geneigt und vertikal bildet den Gegenstand einer besonderen Betrachtung des Meisters. —

Diese Übersicht wird bereits zur Genüge zeigen, dass Leonardo die Elemente des Maschinenbaues in einer für seine Zeit weit vorgeschrittenen Weise kannte.

Wir führen nun weiter an von seinen Maschinen:

1. Maschine zum Ausziehen (Walzen, Profiliren) von Eisenstäben. Diese im Codex Atlanticus foglio 2 von einer schönen, deutlichen Figur begleitete Darstellung zeigt aufs Neue, wie eingehend Leonardo studierte

Leonardo hatte die Aufgabe, die nach damaliger Fabrikationsart der Kanonenläufe aus Eisenstäben notwendigen Eisenstäbe in einem Profil herzustellen, so dass die aneinander gefügten Stäbe den runden Lauf zusammensetzten, und nun geeignet verbunden (zusammengeschweißt) werden konnten. Um die Stäbe in dieser Weise auszuziehen, benutzt er einen Mechanismus, der von einer Turbine (Reaktionsrad (retrecine) der damaligen Mode) getrieben wird. Die Turbine enthält am oberen Teil ihrer Welle ein Schneckenrad, welches rechts in ein festgestelltes vertikales Zahnrad eingreift, links aber ein mit seiner Welle fest verbundenes Zahnrad treibt,

welches weiterhin durch eine stehende Zwischenwelle mit Schnecke die Bewegung und Kraft auf eine schwere, starke Achse überträgt, die am andern Ende eine Scheibe enthält, welche die Profilirungsscheibe der Eisenstange sein soll. Diese Profilscheibe ist mit einer Art Spiralkurve umzogen, deren Gestalt, Höhe, Bogensteigung etc. genau berechnet ist. Das oben besagte rechts von der Turbinenwelle getriebene Rad enthält im Mittelpunkte eine Schraubenmutter, durch welche eine der Länge der auszuziehenden Eisenstange entsprechende Schraubenspindel hindurchläuft. Bei Drehung des übrigens festgestellten Rades wird also die sich nicht drehende Schraubenspindel bewegt. Diese Spindel enthält am andern Ende eine Klaue, in welcher die Eisenstange befestigt wird. Die Eisenstange ist von Rollen unterstützt und bewegt sich unter der Profilscheibe durch, indem sie gegenüber dieser ein festes eingesenktes Formlager mit Profilseite erhält. Die Profilscheibe ist schwer, presst das Eisen mächtig an. Leonardo berechnet sowohl die Last, als auch die Kraft, welche notwendig an der Mutter der Ziehscheibe tätig sein muss, um das Eisen unter der Façonwalze durchzuziehen, und kommt zu genauen Resultaten. Er beschäftigt sich sodann mit andern Profilen und teilt mit, in wie vielen Operationen das Ausziehen derselben zu machen sei, und auf einer Reihe von Tafeln sehen wir ihn immer wieder mit der Lösung dieses Problems beschäftigt. Man achte aber darauf, dass er uns auf der betreffenden Tafel nicht bloß die Profilscheibe, nebst Auffindung der Kurve für deren Mantelfläche, sowie das unbewegliche Matrizengegenlager gibt, sondern er lehrt auch zugleich seinen Apparat kennen, mit welchem er das Werkzeug und die Matrize herstellt, nämlich eine Maschine mit konischer Schmirgelwalze und mit Lager zur Aufnahme der Scheibe vielleicht (die durchgehende Welle nicht als Schraubenwelle bestimmt ausgelegt, obgleich bei der zahlreichen Anwendung, die Leonardo davon macht, dies fast gestattet sein dürfte), an einer Schraubenspindel bewegt und an der Schmirgelwalze hingeführt.

Bei dieser Beschreibung führt Leonardo seine Elementi macchinali an und verweist bei Berechnung der Kraft eines Maschinenteils auf den zweiundzwanzigsten Fall derselben. Es lässt sich also wohl voraussetzen, dass Leonardo, sowie für die Hydrostatik so auch für die Maschinenlehre Gesetze präzisiert und aufgestellt hatte. Er sagt: *Le quali potenza sono vere come è provato nella 13a del ventiduesimo delli elementi macchinali da me composti.*

Abb. 27: Dieses Modell stellt eine Maschinenstudie für das Hauen von Feilen dar. Ein mit der Spule verbundenes Gewicht (nicht eingebaut, aber in der Zeichnung von Leonardo vorhanden), das durch die Schwerkraft fällt, rollt ein Seil von der Spule ab und lässt die Antriebswelle drehen. Die Drehung der Welle treibt das Zahnrad an, das den Hammer anhebt und dann (wie ein Kurvenrad) fallen lässt. Der Hammer schneidet somit die Feile. Gleichzeitig startet die Welle das Ritzel und das Zahnrad, das mit der Schneckenschraube verbunden ist, und bewegt den Wagen, auf dem die Feile angeordnet ist, bezüglich der Bewegung des Hammers synchron.

Abb. 28: Sägemühle mit automatischem Vortrieb des Sägegut ähnlich der Feilenhaumaschine.

Er sagt bei der Erklärung der Radberechnung: „Wenn du nicht die Zahl (Zähnezahl) der Räder multiplizieren willst, so multipliziere ihre Größe, das macht dasselbe." Ferner steht folgender Ratschlag für die Maschinenkonstruktion da: „Sei eingedenk, alle Glieder der Instrumente gleich oder größer (d. h. stärker) zu machen als die Kraft des Motors." Ferner: „Weil ohne Erfahrung eine richtige Kenntnis der Kraft sich ergeben kann, mit welcher das auszuziehende Eisen seinem Trafilator widersteht, habe ich in dem fraglichen Teile vier Räder durch Schrauben ohne Ende gemacht, von denen Jedermann den Beweis hat durch Anzeichnung ihres Grades, welche Kraft diese Kombination hat." (Hier folgt obiger Hinweis 13. XXII.)

2. In Beckmann's Beiträgen zur Geschichte der Erfindungen und in Poppe's Geschichte der Technologie und an anderen Orten heißt es, dass Bohrmühlen oder Mühlen zum Bohren hölzerner Röhren schon im 16. Jahrhundert bekannt waren, und zwar verweisen alle diese Schriftsteller auf Felix Fabri, Historia Suevorum. Derselbe erzählt von einer Bohrmühle in Ulm. Da Fabri schon 1502 starb, so existierte diese Bohrmühle also schon 1500. Kein bekanntes Werk der damaligen Zeit enthält eine Abbildung dieser Maschine (Fig. 61), erst spätere Werke bringen eine solche. Karmarsch berücksichtigt in seiner Geschichte der Technologie weder diese Fabri'sche Mitteilung noch aber spätere Konstruktionen und erwähnt nur, dass man im vorigen Jahrhundert solche Handbohrmaschinen gehabt habe. Es fällt dies etwas auf, da Karmarsch sonst Poppe und

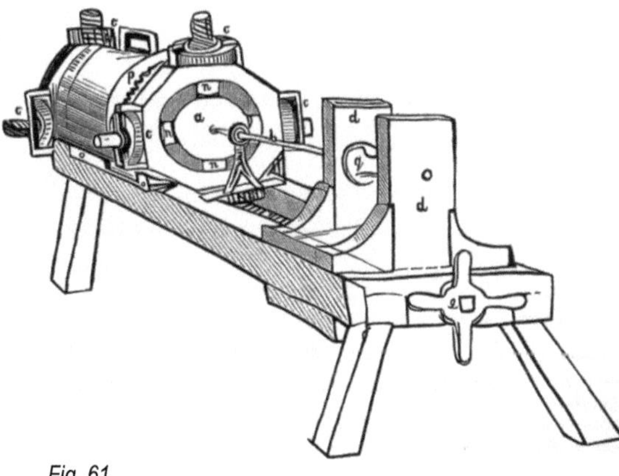

Fig. 61

Beckmann oft benutzt. Der erste bisher bekannte Schriftsteller, welcher Bohrmühlen abbildet und beschreibt, ist Georg Andreas Böckler. In seinem Theatrum machinarum novum von 1661 befindet sich eine solche in Kap. LXXXVI, in seinem Theatr. mach. novum von 1673 stellt er zwei Bohrmühlen dar. Leupold gibt später (1724) in seinem Theatrum Machinarum Hydrotechnicarum in Kap. 5, 6 und 12 Abhandlungen von Bohrern und Bohrstühlen. Metallbohrmaschinen waren 1720 in Gebrauch gekommen. Von einer Bohrmaschine, um Brunnenrohre zu bohren, finden wir aber eine Zeichnung von Leonardos Hand aufbewahrt, — somit die älteste Zeichnung dieses Genres Maschinen. Wir geben dieselbe vorstehend in Abbildung. Leonardo starb 1510; seine technologischen Studien fallen hauptsächlich in die Jahre 1480 bis 1506. Nun ließe sich zweierlei aus Fabri's und Leonardos Aufzeichnungen schließen: Erstens, dass Leonardo diese Bohrmaschine selbst entworfen und ausgeführt habe, und dass dieselbe von Norditalien nach Nürnberg, wie um jene Zeit so vieles, verpflanzt ward, oder zweitens, dass die Bohrmaschine zu Leonardos Zeit gar nichts Seltenes war, als man anzunehmen bisher geneigt war. Überhaupt ist die gewöhnliche Annahme, dass vor Galilei's Zeit die Technik und die mechanischen Wissenschaften in einem Stadium der Stagnation sich befunden, das seit Jahrhunderten andauerte, nicht mehr haltbar, nachdem neuere Forschungen gezeigt haben, dass jene Zeit nicht arm an Entwicklung und Fortschritt war.

Die Maschine zum Bohren, welche Leonardo auf fol. 78. uns darstellt, und die ich in Faksimileskizze wiedergebe (mit von mir eingeschriebenen Buchstaben), entspricht nicht nur Poppe's Beschreibung der früheren Bohrmühlen („Der Bohrer wird durch eine Welle in Umlauf gesetzt und der zu bohrende Baum rückt ihm auf einem sogenannten Wagen oder Schlitten immer mehr entgegen"), sondern die Details zeigen, dass Leonardos Maschine ziemlich vollkommen eingerichtet war. Auf einem kräftigen Gestell ist im Gerüst d die Bohrwelle g mit Bohrer b eingelegt, der am Ende durch einen Führer unterstützt geleitet wird. a ist der zu durchbohrende Baum, der in eine Art Klemmfutter genau eingespannt ist. Dasselbe besteht aus zwei Ringen c, durch welche 2×4 Schraubenbolzen hindurchgehen und mit ihren Enden n gegen a drücken. Diese Schraubenbolzen sind mit Muttern c versehen und durch Bügel festgestellt. Wie es scheint, sind die vier Schraubenmuttern, die am Mantel gezähnte Zylinder sind, mittelst des eingreifenden, an einer Kante verzahnten Ringes p zugleich zu drehen. Diese

Einspannvorrichtung ist auf einen Schlitten o o gesetzt, der unterhalb durch eine Schraubenwelle e bewegt wird. — Diese von Leonardo vorgeführte Maschine sticht gegen Skizzen derjenigen Bohrvorrichtungen, die noch heute in kleinen Orten zum Brunnenrohrbohren Anwendung finden, sehr vorteilhaft ab. Die Einstellvorrichtung erweist sich in der Tat sinnreich und wohl durchdacht.

3. Hobelmaschine. Karmarsch setzt als die ersten Hobelmaschinen die Versuche des Focq 1770 und Crillon 1809, einen wirklichen Hobel durch ei-

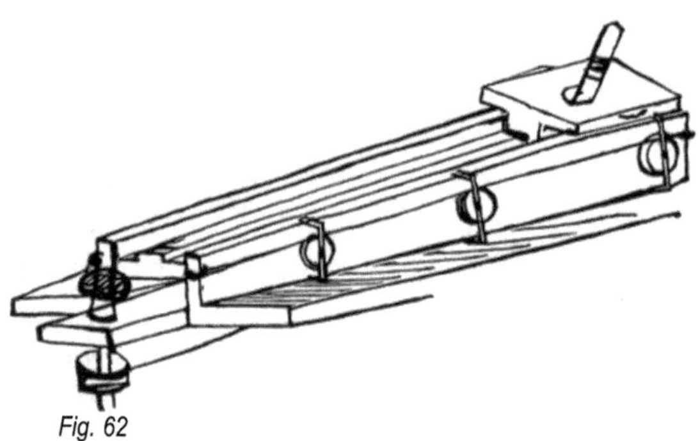

Fig. 62

nen Mechanismus in Bewegung zu setzen, hin, welche jedoch keinen Erfolg hatten. Die Figur zeigt es nun, dass Leonardo eine Hobelmaschine nach ähnlichem Grundsatz zu konstruieren unternahm. Wir wollen uns gern bescheiden, dass diese Erfindung des Leonardo keinen Erfolg hatte, — aber konstatiert muss werden, dass er in der beigefügten Skizze den Versuch machte. (Fig. 62.)

4. Sägemaschine. Diese sowohl wie die Hobelmaschine gibt Leonardo von mancherlei Details begleitet. Dieses Gatter gibt, trotz seiner Unvollkommenheit, doch ebenfalls Nachricht davon, dass man die Bewegung der Sägen mechanisch schon damals versuchte. Wir können auch nicht umhin zu erwähnen, dass wir in Lodi eine Säge fanden, welche seit langen Jahren an einem Kanal gelegen ist, der Leonardos geistreichen artesischen Quellenbrunnen seine Entstehung verdankt, und heute noch die Gestalt zeigt, welche uns Leonardo von einer Säge skizziert —

5. Steinsäge. Wir haben darüber bereits oben referiert und eine Abbildung der bezüglichen Tafel gegeben.

6. Feilenhaumaschine. Ursprünglich war die Feilenhauerei deutsche Kunst, und Nürnberg stand dafür im 15. Jahrhundert in Ansehen, seit 1618 begann England in Sheffield dieses Handwerk, und zwar mit so hohem Erfolg, dass die englische Feilenfabrikation bis zum Anfang dieses Jahrhunderts

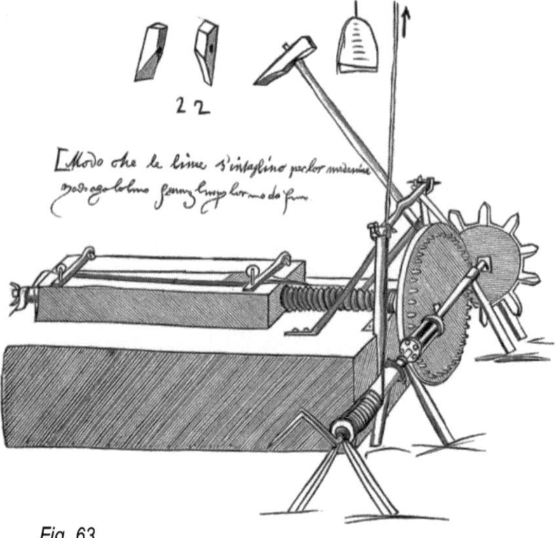

Fig. 63

dominierte Karmarsch sagt, dass seit mehr als einem Jahrhundert zahlreiche Versuche zur Konstruktion einer Feilenhaumaschine gemacht seien, und führt nach anderen Quellen an, dass Duverger schon vor 1735 die erste Feilenhaumaschine entworfen habe. Diese Angabe ist insofern ungenau, als Duverger bereits 1699 diese Maschine entwarf und der Akademie präsentierte, und als die Beschreibung derselben bereits 1702 im Journal des savants zu finden ist. Allein, wie nun Leonardo da Vinci's Manuskripte lehren, so ist Duverger nicht der erste, sondern wir sehen, dass Leonardo eine Feilenhaumaschine entworfen hat, und zwar vor 1505. Die Zeichnung (Fig. 63) ist in allen Teilen sorgsam, und alle Details sind vorhanden; in den verschiedenen Entwürfen von Hammerköpfen finden wir den grübelnden Techniker wieder. Leonardo beabsichtigte die Maschine von der Kurbel und Menschenkraft unabhängig zu machen. Es soll ein Gewicht mittelst eines Taues die Hauptwelle in Bewegung setzen, letzteres so lang, ersteres so hoch herabkommend, als im Verhältnis zu der Länge der zu hauenden Feile nötig

Wenn bei irgend einer Maschine, so bewahrheitet sich bei dieser das Wort des Leibnitz, das wir oben anführten; in der Tat haben wir die Feilenhaumaschine noch nicht viel über den in Leonardos Skizze sichtbaren Standpunkt hinausgebracht.

7. Spinnmaschine. Leonardo da Vinci hat sich mehrfach mit Entwurf und Konstruktion von Spinnapparaten befasst Aus allen seinen Entwürfen und Bemerkungen geht hervor, dass er das Hauptgewicht auf die Bewegungsverhältnisse der Spindel und Spule legte. Alle seine Zeichnungen geben die Spindel in horizontaler Anordnung und mit einem, genau wie unsere modernen Vorspinnflügel geformten Flügel fest verbunden. Ferner stellt er die Spule fest und lässt die Spindel seitlich sich verschieben. Leonardo sucht auch die Geschwindigkeiten zwischen Spule und Spindel in Einklang zu bringen und ordnet daher für jede einzelne eine Bewegungsübertragung an. Seine klarste Zeichnung haben wir hier im Durchschnitt wiedergegeben und möglichst an das Original anschließend (das wir leider nicht durchzeichnen durften).

In der Zeichnung (Fig. 64) ist a a der Flügel, b die Spindel, c die Spule, d die Spulenwelle, e der Spulenwellenwirtel, g der Spindelwirtel, i Spindellager, k Wirtel auf der Spindel für die Gabel m, welche von einer oszillirenden Welle her den Spindelwirtel k umfasst und die Spindel in eine hin- und hergehende Bewegung versetzt, die für Verteilung des Fadens auf die Spule nötig ist. Wie trefflich diese Anordnung gegenüber den ersten Spindelanordnungen des 18. Jahrhunderts ist, wird jeder Kenner sofort sehen. Aber die Originalität dieser Konstruktion von etwa 1490 tritt noch mehr an das Licht, wenn wir bedenken, dass 1530 erst das Spinnrad von Jürgens auftauchte, welches in unendlich viel unvollkommenerer Gestalt mehrere Jahrhunderte hindurch der vollkommenste Apparat zum Spinnen blieb, dass ferner zuerst 1792 und 1795 der Engländer Antis eine Vorrichtung angab, um ein gleichmäßiges Hin- und Herschieben der Garnspule zu bewirken.

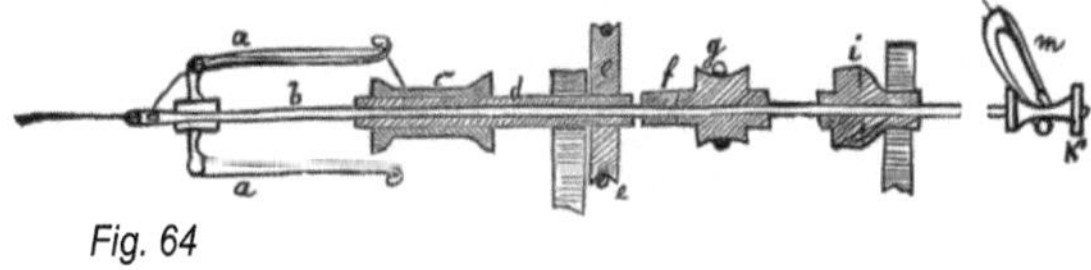

Fig. 64

Leonardo hat seine Spinnmaschine mit zwei Spindeln gedacht, die horizontal in einem Gestell so angebracht sind, dass die Spule an der Außenwand hervorragt, ebenso Flügel und Spindel, so weit nötig In der sauber ausgeführten perspektivischen Skizze

hat Leonardo dem Triebrad für die Spindel doppelte Größe gegeben, als dem Triebrad für den Spulenwirtel. Die Wirtel für Spule und Spindel sind mit Diametern wie 1 : ½ gewählt. Es hat somit die Spindel, die sich in der Spulenrolle als Hülse dreht, eine dreimal so große Geschwindigkeit wie die Spule. Die Scheibe für Bewegung des Spindelwirtels ist etwa sechs mal so groß als der Spindelwirtel; der Durchmesser der Scheibe zur Bewegung der Spule aber nur doppelt so groß als der Spulenwirtel; es ergibt sich daher für die Spindel (bei Annahme von 50 Umdrehungen der Hauptwelle) eine Umdrehungszahl gleich 300 und für die Spule 100. Es kommen somit, da sich beide, Spindel und Spule, in gleicher Richtung drehen, und die Spulenhülse also nur ⅓ Umdrehung macht während einer Umdrehung der Spindel, 900 Spindelumgänge auf eine Aufwicklung des Fadens. — Es ist gewiss bemerkenswert, dass Leonardo da Vinci von der differierenden Spindel- und Spulenbewegung Gebrauch machte, wie sie heute bei den Kontinuemaschinen gebraucht wird, und dass er die Rotationsbewegung der Spindel mit der alternierenden zu kombinieren verstand.

8. Seilspinnmaschinen. Es scheint, dass Leonardo für die Konstruktion von Seilerrädern sehr vielfach beansprucht wurde. Wer die mannigfaltigen Gerüstkonstruktionen des Leonardo durchgesehen hat, wird wissen, dass die Verbindung der Balken und Bäume durchweg mittelst Seilen geschah, zumal bei den Wasserbauten. Ferner waren alle seine Handwerkzeuge mit Seilen ausgestattet. Dadurch hat er sicherlich den Anlass gehabt, auf eine gute Herstellung der Stricke und Taue zu achten. Seine Seilräder unterscheiden sich nun wesentlich durch gute Anordnung von den bei uns heute gebräuchlichen Seilerrädern, so dass wir sagen müssen, dass diese Apparate in unserer Zeit Rückschritte gemacht haben. Eine seiner Abbildungen zeigt 14 Spindelhaken im Halbkreis aufgestellt, jeder mit einem Wirtel versehen, der von einer gemeinschaftlichen Trommel her durch Schnur bewegt wird. Eine zweite Zeichnung gibt 3 Spindeln an. Am Ende der Spinnbahn ist eine mit Gewicht und Tau versehene Trommel aufgestellt, um welche Stricke mit Haken genommen werden. Die Enden der Stricke werden an den Haken befestigt, und nach Beendigung der Dreherei werden die gefertigten Längen auf die Trommel aufgewickelt.

9. Weberei. Leonardo gibt mehrere Skizzen von Webestühlen. Leider sind dieselben sehr undeutlich

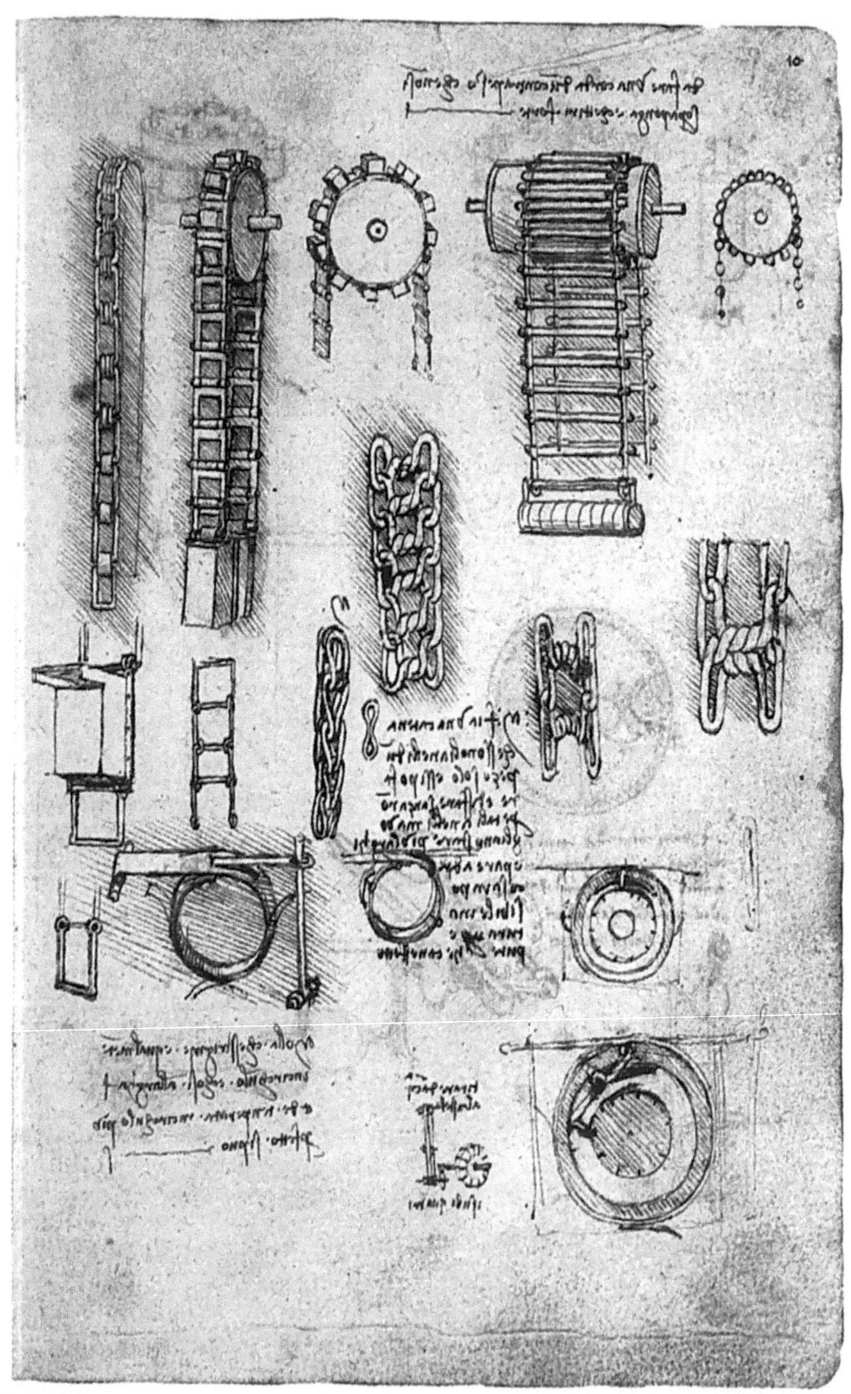

Abb. 29: Kettentriebe

gehalten, so dass man dieselben nicht sicher beurteilen kann. Wir wollen uns nicht so weit versteigen, aus einem skizzierten Webapparat, trotz einiger ähnlicher Momente, einen Vorläufer der Jacquardmaschine herauszulesen.

Fig. 65

10. Tuchschermaschine Leonardo gibt zahlreiche Skizzen von Tuchschermaschinen, und uns ist es kein Zweifel in Anbetracht der Entwickelung und des weltanerkannten Übergewichts der italienischen Appretur, dass solche Schermaschinen wirklich ausgeführt worden sind. Leonardo konstruiert sie in vielfacher Weise. Die größte Anordnung zeigt vier Schertische neben einander nebst vier Scheren. Diese Scheren haben die Gestalt der alten Tuchscheren Leonardo bemüht sich, das eine oder beide der Blätter der Scheren zu bewegen, und wendet abwechselnd Kurbeln, Doppelkurbeln, Daumenräder, Federn u. s. w. an. Eine kleinere Figur, bei welcher der Mechanismus in einem Kasten verschlossen ist und nur die Schere auf dem Schertisch freiliegt, ist unterschrieben mit: Modo di occultare il secreto del primo motu, als ob Leonardo Nachahmungen befürchtet habe! — Den mechanisch am weitesten gehenden Entwurf zeigt Fig. 65. — Bei demselben ist der Schertisch in einen rotierenden Zylinder verwandelt, während die Schere festliegt, — eine andere Lösung der kontinuierlichen Schermaschine, als wir sie jetzt besitzen. —

Bekanntlich wollte Alcan nachweisen, dass Leonardo eine Longitudinalschermaschine erfunden habe, aber Mr. Alcan hat sich arg getäuscht und eine Federziehmaschine für eine Tuchschere genommen. — Unberechtigt ist aber Karmarsch's Urteil[23] über die Skizze der Leonardoschen Schermaschine, „die er eine oberflächliche und naive Skizze nennt, dass man eine danach gemachte Ausführung nicht wahrscheinlich finden könne" — ungefähr das Gegenteil muss derjenige annehmen, welcher sich mit Leonardos Arbeiten und der Geschichte der Gewerbe in seiner Zeit beschäftigt hat. Die späteren ersten Schermaschinen von Everett 1758 und 1759 sind unseres Erachtens viel unvollkommener als die des Leonardo. Von den Scheren des Harmar (1794) und des Douglas (1802) gibt Karmarsch selbst zu, dass sie dem Wesen nach dieselben Konstruktionen wie die von Leonardo da Vinci seien.

11. Waschmaschine. Auf demselben Blatt, wo die größte Schermaschine steht, ist auch eine Waschmaschine mit 2 Walzen zugefügt. Leonardo schreibt selbst daneben „Bono". Sie hat ihm also selbst gefallen. Leider ist diese Zeichnung unklar und flüchtiger als andere.

12. Kalander. Im Codex Atlanticus ist eine Figur enthalten, welche in kräftigem Gestell zwei Walzen von großem Durchmesser enthält, auf deren oberste ein herabzulassender, schwerer Halbkreis herabgesenkt wird, der verschiedene Rollen auf den oberen Zylinder drückt. Leider fehlt der Text hierzu, durch den es nur möglich sein würde, die Bestimmung dieser Maschine genauer einzusehen.

13. Töpferscheibe mit von oben einzusetzendem Formmodel für verschiedene Profile.

14. Federhammer. Die Zeichnung dieses Instrumentes würde unserer Zeit Ehre machen. Sie läuft dem Leonardo da Vinci so mit unter bei Gelegenheit der Konstruktion eines Getriebes für einen Fallhammer. Fig. 66. — Die Feder scheint hierbei von besonderer Konstruktion. — Hierbei wollen wir gleich anführen, dass Leonardo sich bemühte, die Schmiedehämmer selbsttätig herzurichten.

Fig. 66

16. Maschine zum Ziehen der Metallfedern. Leonardo hat hierfür eine Reihe Entwürfe, 9 größere Figuren entworfen, von denen wir in Fig. 67 die beste und deutlichere beibringen. Die Idee ist die, mittelst Tau und Zange f, g, h die Feder e durch die

Presse c, d zu ziehen. Es geschieht das mit Hilfe der
Kurbel b und des Zahnrades a, auf dessen Achse
auch die Zugscheibe des Seiles sitzt. i ist die Stell-
schraube für die Presse. Die übrigen Figuren zeigen
noch weitere Betrachtungen, die nicht ganz klar
werden. — Aus der angegebenen Figur aber wird
man die Idee unserer Ziehbänke für Draht sehr genau wiederfinden, die aus dem 14. Jahrhundert
nachweislich stammt, — ein Beispiel von dem Alter
gebrauchter maschineller Vorrichtungen.

17. Hebezeuge. Leonardo machte nicht nur den
ausgedehntesten Gebrauch von Flaschenzügen, Rol-

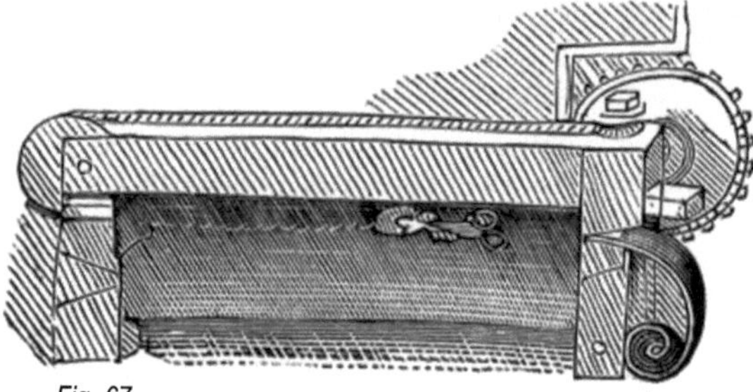

Fig. 67

lenkombination, Schraubenhebel u. s. w., sondern er
konstruierte Hebevorrichtungen, welche den Namen
„Maschinen" vollständig verdienen. Im Codex Atlanticus finden wir unter anderem eine Winde mit
Zahnstange. Die Zahnstange wird durch zweiseitig
angebrachte Getriebe auf und ab bewegt, während
sie unten die Last trägt. Sehr ausgebildet sind seine
Krane. Ein solcher (auf fol. 48 C. A.) ist sowohl
fahrbar auf einen kleinen, schweren Rollwagen gestellt, als auch um seine Vertikalachse vollkommen
drehbar. Der Aufzug wird durch ein Tau bewirkt,
welches auf eine Welle sich aufwindet, die durch
ein kleines Getriebe und großes Stirnrad umgedreht
wird. Das kleine Getriebe erhält seine Bewegung
durch Kurbel. Eine Stufenreihe am Säulenbaum er-
möglicht ein Besteigen des Krans, der mittelst star-
ker Seile festgestellt wird. Eine andere Hebevorrich-
tung ist so konstruiert, dass auf einem Dreibaumge-
stell von angemessener Höhe eine Platte aufgebracht ist, durch welche der Bolzen einer starken
Schraube hindurchgeht, gehalten von der oberhalb
bleibenden Scheibe und Mutter. Dieser Bolzen ist
unten mit Armen und Klammern versehen, in welche der zu hebende Gegenstand eingehängt wird.
Solche Klammern und Angriffsvorrichtungen sind
von Leonardo sehr variiert; wir geben hier einige

Fig. 68

Fig. 69

solche in bildlicher Vorführung. Fig. 68 und 69. Bei
allen diesen Apparaten ist eine hebende Bewegung
durch Schrauben nach dem Greifen vorgesehen.
Von den Winden brachten wir bereits oben einige
Details. Auch diese Hebewerkzeuge sind vorzüglich
durchdacht und dürften in unserer Zeit keineswegs
übertroffen dastehen. Seine mechanische Betrachtung auf fol. 52 C. A. über die Konstruktion ist um-
gehend durchgeführt auf Abwägung der Verteilung
der Last und Kraft auf Wellen und Stellräder. Er
stellt eine Konstruktion mit der Überschrift „falso"
einer andern gegenüber, mit der Überschrift
„giusto" und gibt Bemerkungen zur Begründung
dazu.

18. Im Anschluss an die Betrachtung unter 17)
wollen wir hier kurz bemerken, dass Leonardos
Baukonstruktionen, von denen Details überreich in
den Manuskripten zu finden sind, sehr gründlich
sind. Er verbreitet sich über die Verbindung der
Balken und Langhölzer, er bestimmt die Verbindung der Holzteile mit dem Mauerwerk, er lehrt Ge-
rüste schlagen, Brücken, Uferschalung und Schleu-
sen bauen, Kriegsvorrichtungen errichten u. s. w. In
diesem Teile seiner Manuskripte liegt so viel Mate-

80

rial verschlossen, dass es gewiss der Mühe wert wäre, dieselben ausgiebig zu studieren, um Leonardo als Baumeister darzustellen.

19. Leonardo hatte ein eigenes Werk geschrieben über Mühlwerke, wie Lommazzo (Trattato della pittura) berichtet, das leider verzettelt worden ist. Es war koloriert, und nur wenige Blätter sind erhalten. Einige Skizzen von Presswerken und Mahlgängen sind in seinen Manuskripten zerstreut zu finden, so ein Mahlgang mit zwei horizontalen Steinen und eine Olivenpresse, von der Leonardo selbst sagt,

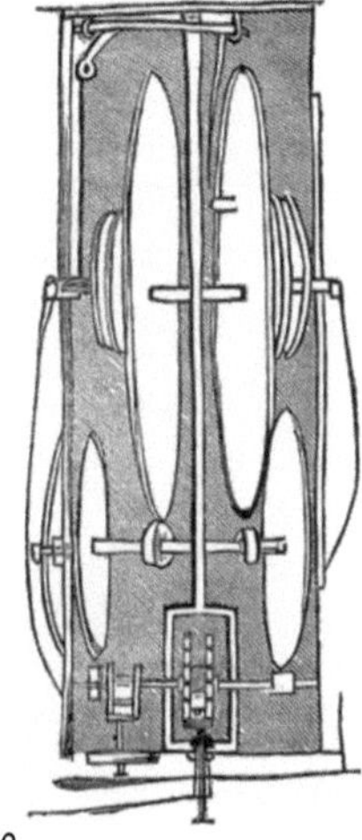

Fig. 70

dass sie die Oliven trocken presse.

20. Messinstrumente umfassen bei Leonardo Skizzen von Dezimalwaagen und andere Waagen, — zu einem Dynamometer (Trattato della pittura 148), — zu einem Instrument, um die Geschwindigkeit des Wassers zu messen, — zu einem Modell, um jede Sache zu messen; — seine Zirkel, sein Ovalwerk sind bekannt und anerkannt worden; seinen Hygrometer beschrieben wir bereits; seinen Wegmesser lobt er selbst.

Hierher gehören auch seine Uhrwerke. Ein solches stellt die folgende Fig. 70 u. 71 dar. In der Figur deutet oben an der Achse der „Palmola" der nach rechts hinübergehende Faden einen Motor der Uhr an. Leonardo gibt uns im Cod. N. einen Apparat an, der Uhren bewegt. Es ist das ein Stab mit Zähnen, die in Zähne eines Rades eingreifen, und Leonardo sagt davon: „Derselbe Stab wirkt wie ein Balancier in den Uhren, d. h. er wirkt alternativ, bald an der einen, bald an der andern Seite des Ra-

des ohne Unterbrechung." Venturi sagt zu der letzten Stelle, dass also Atwood, den man den Erfinder des Balanciers für Uhren nennt, im 16. Jahrhundert schon in Leonardo einen Vorgänger gehabt, ja dass Arnault bereits vor 1465 einen Balancier beschrieb, und Vinci redet davon allerdings als von etwas Bekanntem. —

Im Übrigen bewegte Leonardo seine Uhren teils durch Wasser oder Luft, teils durch besondere Einrichtungen. Bei einem der interessantesten Entwürfe hat Leonardo zwei Blasebälge angewendet, deren abwechselndes Ausdehnen eine bewegliche Zahnstange in die Zähne der Uhrrädchen eingreifen lässt, beim Rückgehen aber die Zahnstange aushebt. Der Mechanismus ist sehr sorgfältig gezeichnet. —

Was Govi richtig auseinandersetzt bei Aufzäh-

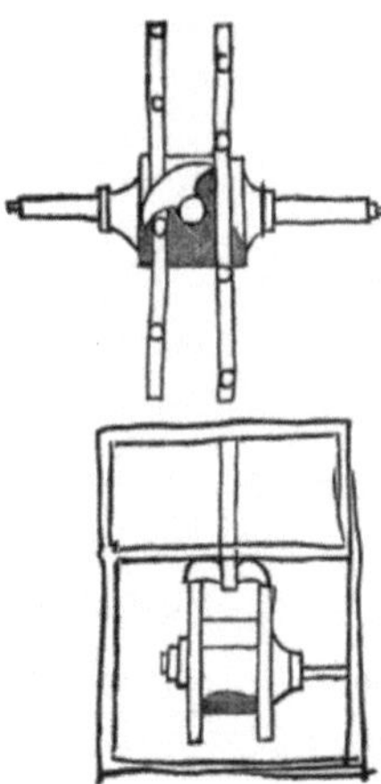

Fig. 71

lung der „Inventioni" des Leonardo ist das, dass er behauptet, dass Leonardo das Pendel kannte. Wir haben bereits Gelegenheit gehabt, mehrmals auf diese Tatsache aufmerksam zu machen bei der Wellenbewegung, bei der Darstellung der astronomischen Kenntnisse des Leonardo u. a. a. O. Nun finden wir aber bei einer Figur, die ein Perpetuum mobile darstellen soll, folgende Bemerkung zu einem pendelartig schwingenden Körper, der seine Bewegung dem Mechanismus mitteilen soll:

„Questo contrappeso lavora di sopra colla sua asta nella intaccata rota, a similitudine dell' asta del tempo degli orologi, cioè or da capo or da piè, e non perde mai tempo."

Sollte bei solchem Vergleich angenommen werden können, dass das Pendel in der Bewegung der

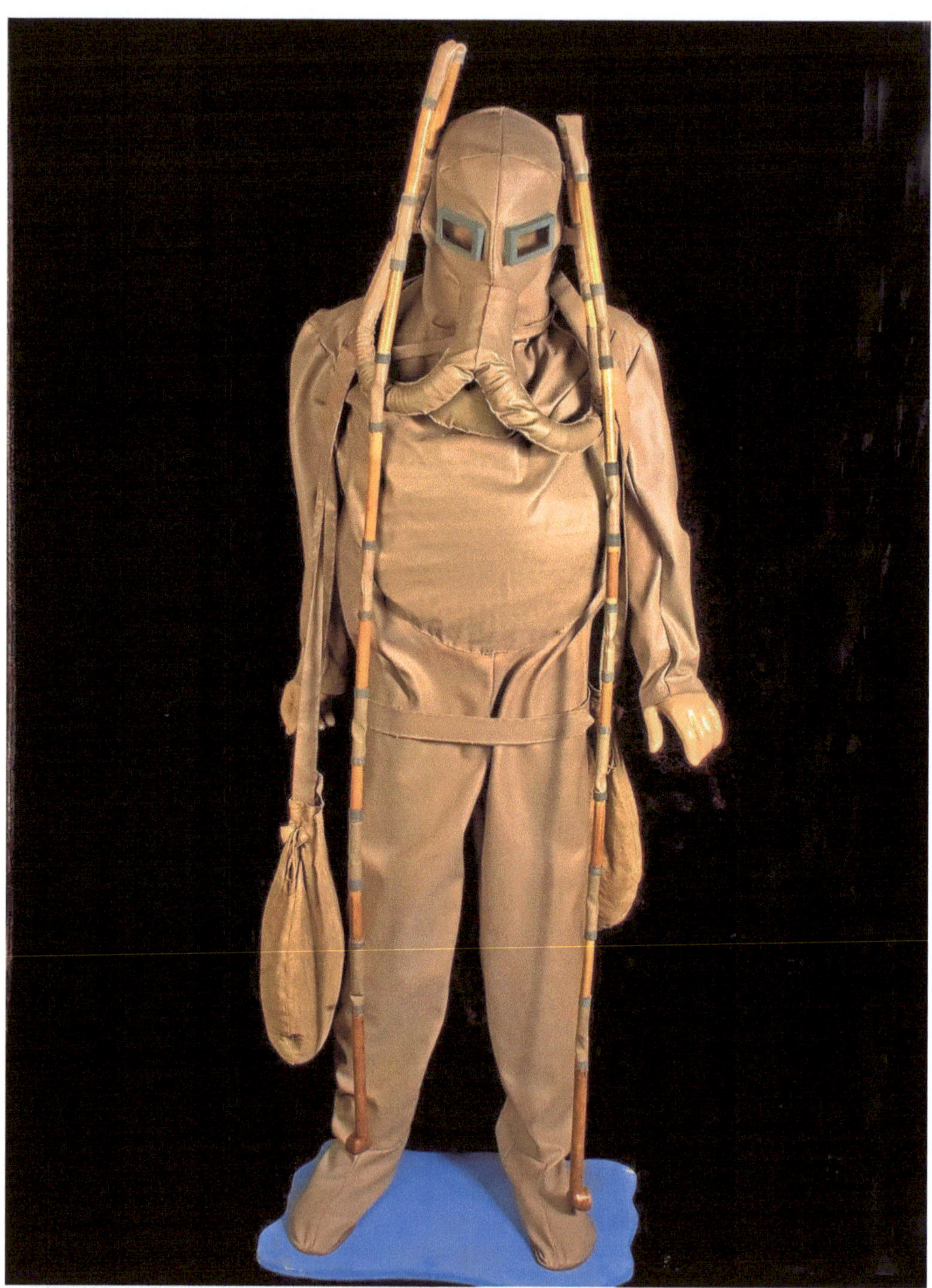

Abb. 30:Leder-Tauchanzug mit Atemschläuchen..

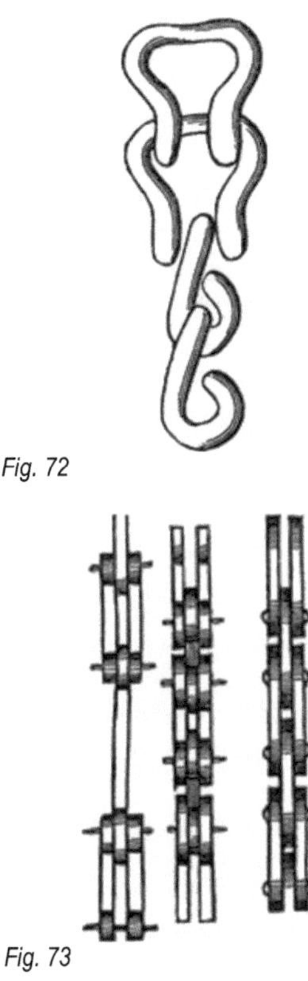

Fig. 72

Fig. 73

Uhren zu Leonardos Zeit unbekannt war? Wir glauben diese Frage mit „Nein" beantworten zu müssen.

21. Konstruktion der Ketten, Leitern, Strickleitern. Auch diese Mittel für mechanische Leistungen haben den Leonardo sehr interessiert Neben den gewöhnlichen Gliederketten finden wir bei Leonardo die beiden Kettenformen, in Fig. 72 u. 73 dargestellt, welche man für gewöhnlich dem Vaucanson und dem Galle zuschreibt und sie auch so Vaucanson'sche und Galle'sche Kette nennt. Letztere Spezies findet bei Leonardo besondere Beobachtung und sorgsame bildliche Darstellung.

23. Drollig ist Leonardos dreibeiniges Malerstühlchen zum Zusammenlegen für Studien im Freien. Interessant sind seine Musikinstrumente. Pauken bewegte er mechanisch.

24. Außer dem oben bereits angeführten Bratspießmechanismus, von dem er sagt, „dass er um so schneller gehe, je heißer die Luft werde, die vom Feuer aufsteigt", erfand Leonardo geeignete Vor-

richtungen zum Schließen der Kamine und Schornsteine und zur Regelung des Zuges.

Es sei noch der einrädrige Bergmannskarren hier vorgeführt, dessen Konstruktion für gewöhnlich einer späteren Zeit zugeteilt wird. (Fig. 74.)

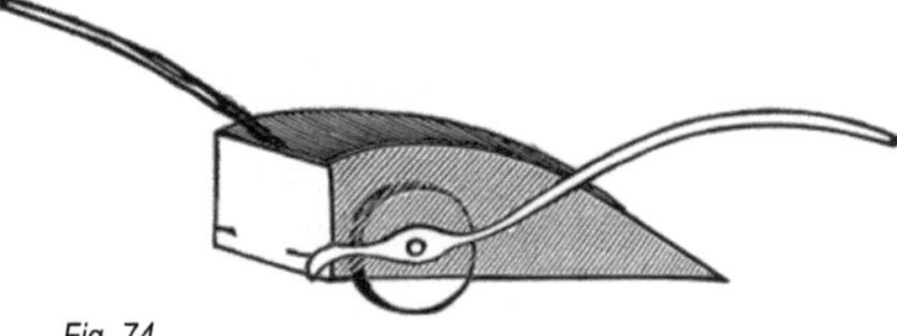

Fig. 74

26. Hydraulische Maschinen und Apparate. Außer den oben bereits betrachteten hydraulischen Motoren des Leonardo enthalten seine Manuskripte sehr viele Entwürfe von Saug- und Druckpumpen und dergleichen Apparaten, worunter natürlich die im Mittelalter viel gebrauchten Wasserschnecken und Wasserschrauben, so wie Schöpfräder nicht fehlen. Unter den Pumpwerken nennen wir zunächst die Kettenpumpe, die bei Leonardo eine ausgebilde-

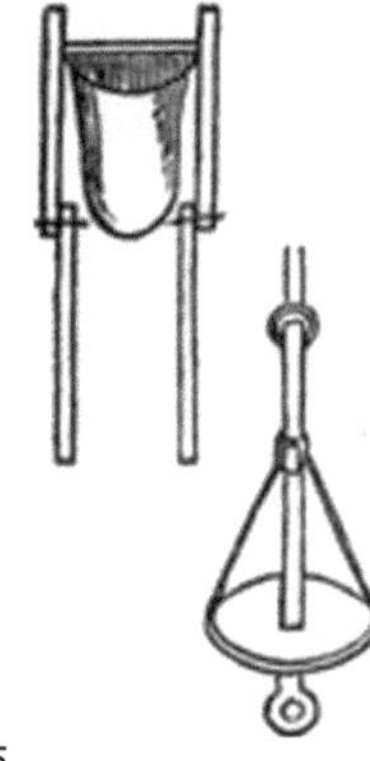

Fig. 75

te Gestalt hat, wie Fig. 75 zeigt. Bekanntlich war diese Ketten- oder Gefäßpumpe seit dem Altertum bekannt, allein eine so vollkommene Gestalt der Scheibe rührt doch (wie auch Ewbank Descript. and Histor. etc. p. 156 lehrt) erst aus späterem Zeitalter her. — Leonardos Bestreben ging augenscheinlich und ausgesprochenermaßen darauf aus, „einen kontinuierlichen Wasserstrahl zu erzeugen zu Fontainen, Spritzen u. s. w." Er konstruierte daher vorherrschend zweizylindrige Pumpwerke, die das Wasser in geschlossene Gefäße einpumpten, wo dann die Luftkompression das ihrige tat Die Pumpwerke sind teils Kolbenpumpen, teils blasebalgartige Schläuche, teils Zylinder, die sich ineinander verschieben und mit ihren Böden wie Kolben wirken und bei denen der Herabgang durch Bleigewichte unterstützt ist. Eine dieser Pumpen aber muss unsere Aufmerksamkeit im höchsten Grade erregen. Sie trägt die Inschrift: „Acqua alzata per forza di vento." Wie die Zeichnung 76 dartut, enthält diese Maschine einen runden horizontalen Zylinder, der sich offenbar nicht dreht, denn er ist durch Bänder am Gestell festgehalten, die über eine geriefte Fläche gelegt sind. Von diesem Zylinder geht ein Rohr in den Brunnen hinab. Dasselbe enthält nach Leonardos Angaben ein Ventil. Aus dem Zylinder geht seitlich ein Ausgussrohr ab. Dasselbe enthält auch ein Ventil (animelli). Ein zweites projektiertes Rohr (wenn das erste fortfällt) ist gerade senkrecht in die Luft geführt. Wir sehen andererseits eine Welle aus diesem Zylinder herausragen, welche mit einem Stift versehen ist, der in einer Nutenscheibe (vom Getriebe her bewegt) geführt, der Welle eine alternierende Bewegung erteilt Das Spiel der Pumpe ist offenbar so. Die Welle trägt im Innern einen dicht schließenden Kolben, geht derselbe nach links, so schließt sich das Ventil im Speirohr, und das Ventil im Saugrohr öffnet sich. Bei Rückgang des Kolbens schließt sich das Saugventil und öffnet sich das Ventil nach außen, so dass der Kolben das Wasser herausdrückt.

Wir haben es also mit einer kompletten, einfach konstruierten Saug-Druckpumpe zu tun (Fig. 76).

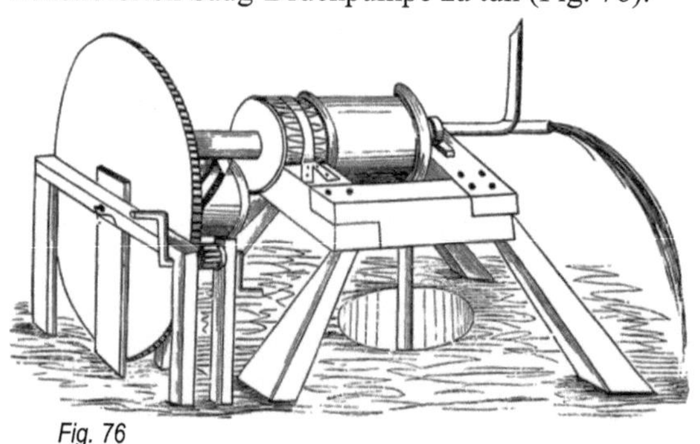

Fig. 76

Karmarsch hat die Geschichte der Pumpen in seinem Werke „Geschichte der Technologie" fehlen lassen. Ewbank gibt eine einigermaßen ähnlich vollkommene Druckpumpe erst aus dem 16. Jahrhundert an.

Sodann haben wir noch zu erwähnen, dass Leonardo eine Zeichnung gibt mit der Inschrift: „Per

84

questa via si farà salire l'acqua per tutta la casa per condotti." Ihm schwebte also eine Wasserleitung durch das Haus vor. —

Endlich geben wir noch folgende Zeichnung, welche auf dem bereits mehrfach benannten Blatt 283 des Codex Atlanticus steht. Dieselbe dürfte kaum anders zu erklären sein, als dass man sie als hydraulische Presse betrachtet. Auch hier fehlen Bemerkungen des Leonardo, welche das Dunkel auf-

Fig. 77

klären könnten; aber die auf jenem Blatt enthaltenen vielen Skizzen für die Verwendung und die Eigenschaften des Wassers lassen leicht unsere Auffassung als richtig erscheinen. Fig. 77.

Schließlich erwähnen wir das Fol. 45 des Codex Atlanticus, welches sich mit einer Betrachtung der Wasserleitung über Berge beschäftigt, bei welcher Leonardo Gebrauch macht von dem Gesetz der schiefen Ebene und mechanischen Mitteln zur Hebung.

Die Wasserwerke des Leonardo umfassen

1. Kanal von Florenz nach Pisa, — von Leonardo da Vinci projektiert am Arno entlang, durch die Felder von Prato, Pistoja, Serravalle und durch den See von Sesto. Viviani hat später unter Benutzung des Vinci'schen Projektes die Verbindung zwischen Pisa und Florenz hergestellt, teilweise durch Verbreiterung und Vertiefung des Arno — und zwar nicht glücklich. Leonardos Projekt ist erhalten in den Pariser Codices.

2. Kanal von Martesana und Tessin. Der Kanal von Martesana war bereits 1460 begonnen. Leonardo da Vinci vollendete ihn durch das Stück Trezzo-Brivio, welches vorzügliche Schwierigkeiten bot. Er konstruierte große Schleusenwerke mit doppelten Pforten. Die Anlage derselben hat Leonardo jedoch nicht erfunden, wie einige seiner Verehrer behauptet haben, sondern dieselbe rührte bereits von 1441 oder vielleicht einer noch weiter zurückliegenden Zeit her. Die Zeichnungen für diese Anlagen im Codex Atlanticus sind vorzüglich.

3. Kanal von Romorentin, für Franz I. entworfen und später nach seinem Tode von Meda ausgeführt. In diesem Projekt hatte Vinci Schleusentore besonderer Art vorgesehen, die jedoch von Meda falsch aufgefasst wurden.

---

[21] Ein sehr schön ausgeführtes Löffelrad gibt Leonardo in Codex Atlant. fol. II. Dasselbe ist fast genau so wie z. B. Luckenbacher's Mechanik fol. 191 wiedergibt, nur sind die Schaufeln dichter gestellt.

[22] Dass Fig. 60 ein Universalgelenk darstellen soll, bleibt zu bezweifeln, da das eigentliche Zapfenkreuz, an welches die beiden Wellen je mit einer Gabel angreifen, fehlt. Willis gibt in der neuen Auflage seiner Princ. of mechanism. übrigens den Nachweis, dass Cardano nur anführt, er habe in dem Hause eines Freundes jene Vorrichtung gesehen, sowie dass Vilars de Honecort, ein Architekt des XIII. Jahrhunderts, die Aufhängung einer Lampe oder eines Kohlenbeckens in den von uns sogenannten Cardanischen Ringen bereits kennt und zwar ausführlich beschreibt.

Die Red.

[23] Karmarsch, Geschichte der Technologie. Pag. 727.

Schluss

Nachdem wir im Obigem versucht haben, die Kenntnisse und Anschauungen und Leistungen des Leonardo näher darzutun, nachdem wir sie mit dem geistigen Standpunkte seiner Zeit verglichen, als auch auf den der nachfolgenden Periode hinwiesen, — nachdem wir die Lebensumstände des Leonardo und ihren Einfluss auf seine geistige Tätigkeit veranschaulicht haben, dürfen wir wohl fragen, was folgt aus allen diesen Momenten? Wir antworten:

a. Es geht aus Leonardos Schriften evident hervor, dass er selbst eine unserer Zeit sehr nahe stehende Kenntnis von vielen Gesetzen, Erscheinungen u. s. w. gehabt habe, vor allem aber, dass er Erklärungen über eine Reihe von Erscheinungen bereits abgab, deren spätere erneute Auffindung durch Attwood, Porta, Galilei, Halley, Muschembroeck, Gassendi, Duverger u. a., diesen Männern zum Ruhm gereichte und ihnen den Namen als Entdecker der betreffenden Gesetze etc. einbrachte.

b. Leonardo war unter den Gelehrten des Mittelalters und zumal seines Jahrhunderts der erste, welcher die Erscheinungen in der Natur, die Naturkräfte rationell durchforschte, nicht aus oberflächlichen Wahrnehmungen seine Ansichten schöpfte, sondern sie auf Grund genauer Prüfung und angestellter Experimente sich bildete, nicht an ihnen hing als unumstößlichen Wahrheiten, sondern sie modifizierte, je nachdem weiteres Eindringen in die Erscheinungen solche Modifikationen herbeiführten. Aus seinem Gedankengange resultierten klare und präzise Begriffe und eine Wortwiedergabe des Ergründeten, welche meistens die Richtigkeit und Wahrheit des Erforschten kurz und treffend bezeichnete und erklärte. Die Reihe solcher Präzisionen ergab sodann die Gelegenheit, Systeme der mechanischen, hydraulischen etc. Gesetze zu formieren; diese Systeme stellten die Grundgesetze der Naturkräfte und natürlichen Erscheinungen auf und nebeneinander in logischer Entwickelung, so dass er bei Untersuchungen auf diese Fundamentalsätze zurückgreifen konnte, ebenso aber alle Untersuchungen nach den darin enthaltenen Gesichtspunkten durchführen konnte. Leonardo verfasste solche Systeme für vielleicht alle Gebiete der induktiven Wissenschaften; aus seinen nachgelassenen Schriften kennen wir solche Elemente, solche Systeme für die Malerei, Perspektive, Lichtwirkung, für die Hydrostatik und Hydraulik, für die Maschinenkonstruktion, für die Skulptur. Es lässt sich wohl annehmen, dass Leonardo da Vinci diese systematischen Aufstellungen gleichsam betrachtete und gab als Leitfäden für die Vorlesungen an seiner Akademie in Mailand. Aus der Art der Abfassung, z. B. aus den oft auftretenden Anreden: „Du musst Dich erinnern"; „Wenn Du dies tun willst" etc. scheint diese Auslegung fast zur Evidenz richtig. — Leonardo war also der erste, der versuchte, die Grundgesetze der Naturkräfte und Naturerscheinungen zu erklären und zu systematisieren Welchen hohen Vorteil eine solche Betrachtungsweise stets hat und haben wird, ist uns wohl klar genug, da wir derselben huldigen, — aber auch die spätere Geschichte der induktiven Wissenschaft kann an vielen Fällen erweisen, dass diese Betrachtungsweise immer zu bedeutenden Resultaten geführt hat, — gerade gegenüber der verschwommenen Weise der Aristoteliker und der Scholastiker, Mystiker und Dogmatiker. Wir verdanken derselben auch wohl die Fülle von Wahrheiten, die in Leonardos Lehren enthalten ist; ja selbst da, wo Leonardo auf falscher Fährte ist, leistet diese Methode doch noch soviel, dass man den Grund der unrichtigen Ansicht schnell einsieht. —

c. Es lässt sich behaupten, dass Leonardo die von ihm erkannten Fundamentalgesetze der Naturerscheinungen und Naturkräfte anzuwenden verstand und auf Grund dessen eine Reihe nützlicher Erfindungen gemacht hat, und dass seine Konstruktionen zum Teil in die Praxis übergegangen sind, ja zum Teil sich bis auf den heutigen Tag erhalten haben!

d. Leonardos Darstellungsweise lässt uns ersehen, dass viele in seiner Schrift ausgedrückten Anschauungen die Anschauungen seiner Zeit waren! Wenn nun, wie oben mehrfach angeführt, Whewell sagt: „Die dunkle Nacht (seit Archimedes) währte beinahe zwei volle Jahrtausende, namentlich bis auf die Zeit der ersten Ausbreitung der Kopernikanischen Entdeckung," und wenn für ihn das Erwachen der neueren Zeit erst mit Cardanus, Ubaldus, Benedetti, Varro, Jordanus, Tartaglia, Apian, Commandinus u. s. w. beginnt und erst den Charakter des wahren Fortschritts durch Stevinus erhält, ist diese Darstellung noch haltbar, wenn wir heute wissen, dass zu Leonardo da Vinci's Zeit bereits bekannt waren die Gesetze der schiefen Ebene, die Bestimmung des Schwerpunktes, die Drehung der Erde, die Schwere der Luft, die Verbrennung und die Rolle der Luft dabei, die Camera obscura, der Fallschirm, der Einfluss der Erde auf den Mond, der freie Fall und vieles andere der statischen Gesetze, Gesetze der Reibung, der Wellenbewegung, des Schalls, des Lichts u. s. w., ja noch mehr, — bekannt waren zum Teil in viel präziserer und richtigerer Fassung als noch zwei Jahrhunderte nachher? Wir können Leonardos Schriften betrachten als die vornehmste Aufzeichnung der Anschauungen, die die Gebildeten seiner Zeit hatten, und dabei besonders auf Leonardos Einfluss auf und durch einen großen Schülerkreis hinweisen. Leonardo schöpfte mehrfach auch aus anderen Quellen, und dass dieselben gedruckt oder geschrieben waren, wird annehmbar aus manchen Übereinstimmungen Leonardos mit späteren, z. B. Porta, der sogar in einem Falle dieselben Worte gebraucht wie Leonardo. Für seine mathematischen Studien gibt er uns selbst eine Reihe Schriften an, welche er liebte und fleißig studierte

Wollte man nicht gelten lassen, dass Leonardo gleichsam auch der Ausdruck seiner Zeit wäre, nun so gewönne seine eigene Persönlichkeit so gewaltig, dass sie auch in der Wissenschaft und Technik den bedeutendsten Erscheinungen aller Jahrhunderte zugerechnet werden müsste, er würde dann wie ein Berg in der Ebene über seine Zeit hervorragen.

Stets aber haben wir die Erscheinung beobachten können, dass eine erhabene Kunstepoche der Blüte der Wissenschaft vorangeht! „Die Kunst ist ihrer Natur nach praktisch; die Wissenschaft aber ist theoretisch oder rein spekulativ." Als daher die Blüte der Kunst in Italien aufgegangen war mit Leonardo da Vinci, Raphael und Michel Angelo, da brach auch der Geist der Wissenschaften aus der Schleierhülle der Befangenheit, Beschränkung und Furchtsamkeit hervor. Zu jeder solchen Zeitepoche gehört eine Vorbereitung. Sie war der Kunst gegeben, und Leonardo da Vinci selbst erfüllt eine hervorragend lehrende, anleitende Rolle, — so auch der Wissenschaft. Aber während Leonardo in der Kunst selbst den Parnassus der Vollendung mit erstieg, — blieb er in der Wissenschaft, wenn auch hoch und erhaben über sein Jahrhundert und die Jahrhunderte vorher, doch unterhalb des Gipfels stehen, — weil er ihn in der Wissenschaft auch nicht erstrebte. Fast unbewusst, zu seiner eigenen Freude und Befriedigung diente er ihr. Wir wollen daher festhalten, dass Leonardo da Vinci für die Geschichte der Wissenschaften und Technik seiner Zeit das Organ ist, dass das Bekanntwerden und Ausschöpfen der Leonardoschen Schriften ein neues Licht über eine ganze Zeitperiode verbreitet. Es wird dasselbe die Verdienste des Galilei, Kopernikus u. A. nicht verdunkeln, sondern vielleicht einen Dritten dem Bunde zufügen, einen Mann, der in der Malerei gleichberechtigter Vorgänger Michel Angelo's und Raphael's war und die Gesetze der Kunst neu belebte und lehrte, der in der Architektur die römische Kunst wieder zu Ehren brachte, — der als Ingenieur die größten Kanalbauten seiner Zeit ausführte, und mit seinem klaren Verstand in den Zusammenhang der Natur eindrang, um ihn zu erklären und die Kräfte der Natur zum Wohle der Menschen nutzbar zu machen. — Leonardo da Vinci muss betrachtet werden als der hervorragendste Vorarbeiter der Galileischen Epoche der Entwickelung der induktiven Wissenschaften und als Förderer der Technik seiner Zeit,

— sowie als Repräsentant vieler Anschauungen seiner Zeit, über welche er uns klares Licht
verschafft!! — und so zur Aufhellung des Dunkels
beiträgt, welches über der geistigen Tätigkeit seiner
Zeit bisher lagerte. —

Anhang.

Das Geschriebene auf der Tafel lautet:

links oben: *a. b. pesa quanto un par di molle e*

n. m. è la sega

f. g. è la guida

*Farai fare due molle simili a questa a. b.
colle sue chiavarde ovali in grossezza da
trarre e mettere, quando si trae o mette la
sua sega*

*Si delle due seghe non ne toccassi se non
una, fa che quella una sia in mezzo del suo
telajo acciochè il peso del telaio sia sempre
comparatito a modo di bilancia sopra il
taglio della sega che si adopra insino a
tanto che la seconda sega discenda al
constatto della pietra che si deve segare e
allora tu metterai le due seghe in mezzo al
detto telaio. Il moto della sega deve essere
insino che il centro della gravità della sega
giunga alli estremi della pietra segata e
qualche cosa più, acciocchè la sega si
innalzi dalla parte più lieve per dare luogo
all' introito dello smeriglio sicchè entri
sotto l'alzata parte della sega. Adunque sia
tanto il moto della sega, quanto è la
lunghezza della pietra che si deve segare,
cioè in questa tal pietra, ma non in tutte,
perchè ella protrebbe essere tanto piccola o
tanto grande, che tale regola non sarebbe
buona.*

In der Mitte: *Barbera stampa.*

Oben rechts: *Sega dasseghare piètre.*

Unten rechts:

*Questa staffa si può fare d'un sol pezzo, e
mettergli le seghe, e poi saldarle
rinchiudendo dentro a sè esse staffe. Ma
falla pure di due pezzi perchè non si avrà se
non a cavare la chiavarda nel mettere la
sega.*

Links unten: *Fa 4 chiavette di ferro per mettere
in n. m. o. p. da poter mettere e cavare le seghe.*

Unten: *Fa li ferri al fabbro, e falli di cartone.*

Bei der großen Figur links:

*Fa che sia più alto un' oncia il disotto della
pietra, che si deve segare, quando tu la
incolli, che non è il piano del disopra del
desco; e questo si deve fare acciocchè la
sega possa ventilare e pigliare sotto di sè lo
smiriglio.*

Unter der großen Figur:

*a. b. sono viti per poter fermare e
congiungere lo scanno a questo desco, dove
sega il segatore, e queste bandelle sono
causa che il desco non si dimeni nel segare.*

———

Die gegebenen Figuren sind teils genau genommene Durchzeichnungen, teils Kopien, teils Nachzeichnungen, — wie es die Gelegenheit erlaubte. —

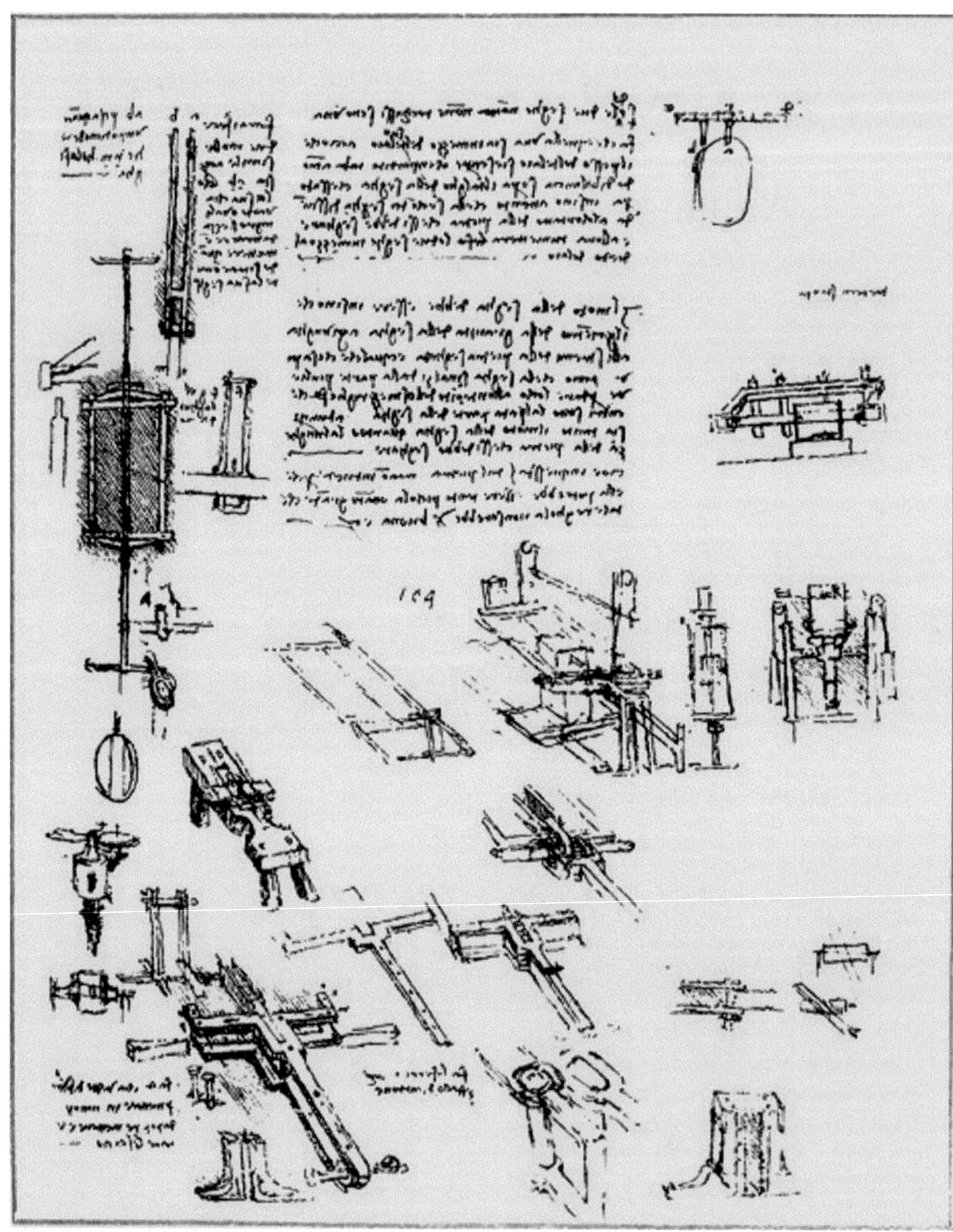

Linke Hälfte der Tafel

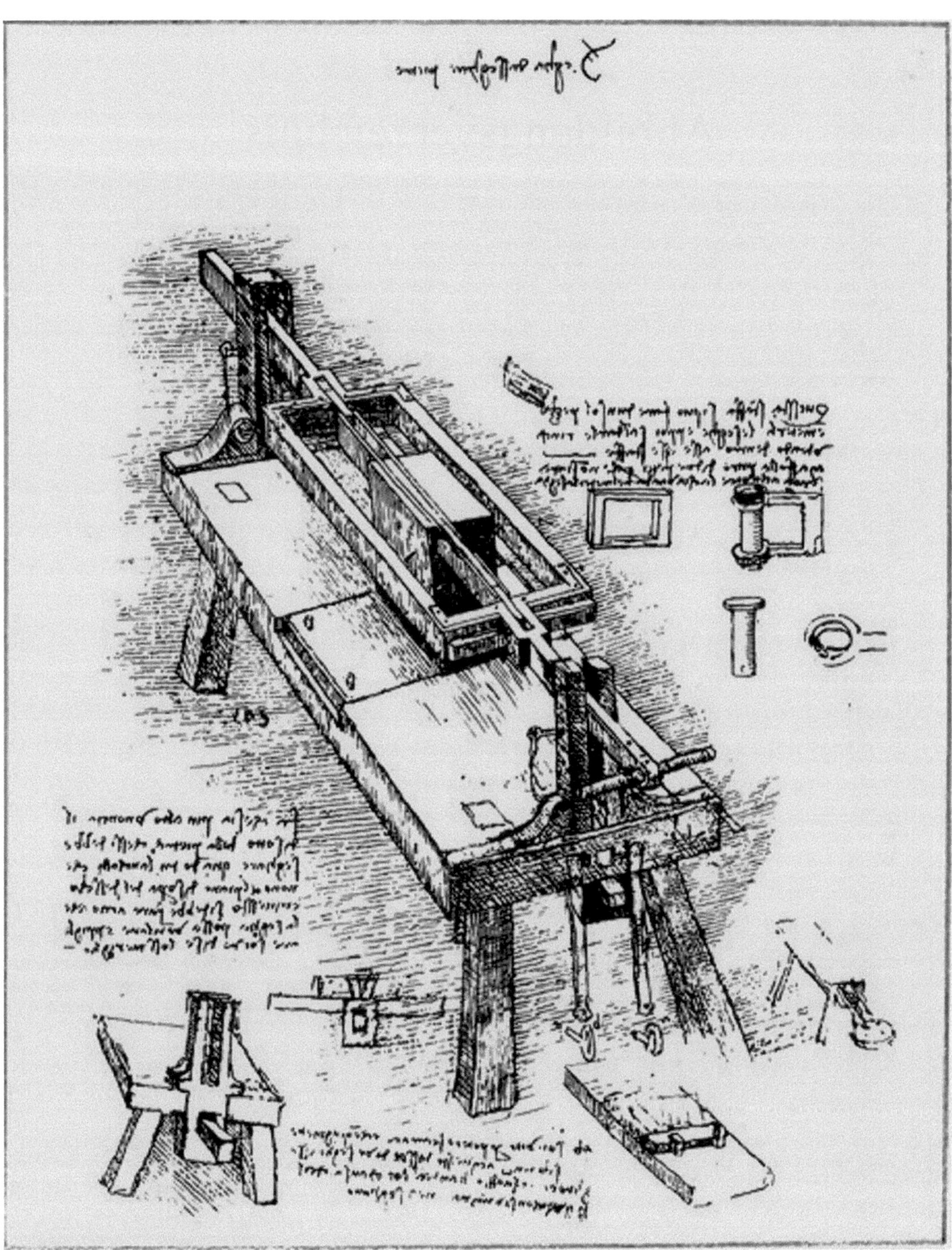

Rechte Hälfte der Tafel

Abbildungsverzeichnis

Inhaltsverzeichnis

BUCHTIPPS

Abrupte Klimaschwankungen seit 2000 Jahren

Lokale und kosmische Ursachen eines Klimawandels. Herausgeber: Sedlacek, Klaus-Dieter (Hrsg.). Innerhalb der letzten zwei Jahrtausende sind verschiedene abrupte Klimaschwankungen nachweisbar. Der fortwährende Wandel des Klimas verzeichnete allein fünf große Klimaepochen und zahlreiche ...

Allgemeine moderne Psychologie

Allgemeine moderne Psychologie Systematische Einführung in die Wissenschaft psychischer Prozesse Autor: Messer, August Man hat mit Recht drei Hauptwurzeln der Psychologie unterschieden: die praktische Menschenkenntnis, den religiösen Seelenglauben und die biologische Lebenserklärung. Psychologie als ...

Anleitung zum Roman-Schreiben

Wie man anfängt, einen Plot entwickelt und eine gute Geschichte erzählt. Autor: Wilde, Oliver J. Sie wollen einen Roman schreiben? Das ist toll! Aber begnügen Sie sich nicht damit, nur einen Roman ...

Äquivalenz von Information und Energie

Die Grundbausteine der Welt – Neuausgabe – Autor: Sedlacek, Klaus-Dieter. „Es stellt sich letztendlich heraus, dass Information ein wesentlicher Grundbaustein der Welt ist", versicherte der durch sein Quantenteleportationsexperiment bekannte Prof. Zeilinger in ...

Besseres Gedächtnis

Wie man es stärkt, trainiert und einsetzt. Autor: Atkinson, Wilhelm Walker. Viele Menschen scheinen zu glauben, dass Erinnerungen einfach kommen und nicht gefördert werden können. Aber der Trugschluss einer solchen Vorstellung wird ...

Bleib beweglich und fit ohne Geräte!

Leichte ärztliche Zimmergymnastik für jedes Alter. Autor: Moritz Schreber , Klaus-Dieter Sedlacek (Hrsg.). Dieses Buch hilft die für die Körperausbildung, Erhaltung der Gesundheit und Beweglichkeit bis ins hohe Alter anerkannt wichtige ...

Der Alchemist Leonhard Thurneysser

Die Lebensgeschichte des Goldmachers von Berlin. Autor: Sedlacek, Klaus-Dieter (Hrsg.) . Der im Jahr 1531 geborene Leonhard Thurneysser erlernte als Sohn eines Goldschmieds in Basel die Kunst seines Vaters, übernahm aber bald ...

Der allmächtige Informatiker

Das Mysterium des Universums. Autor: Jeans, Sir James. Die englische Ausgabe dieses Buchs mit dem Originaltitel „The Mysterious Universe" ist als populäres Wissenschaftsbuch des britischen Astrophysikers Sir James Jeans zuerst von ...

Der erdgeschichtliche Klimawandel

Den wahren Ursachen von Klimaschwankungen auf der Spur. Autor: Wilhelm Bölsche , Klaus-Dieter Sedlacek (Hrsg.). Der Klimazustand während der letzten Jahrhunderttausende ist im Wesentlichen auf den Einfluss von Sonneneinstrahlung zurückzuführen, die ...

Der Stein der Weisen

Der Stein der Weisen: Wie die Alchemie zur Chemie wurde (Abenteuer Naturwissenschaft) von Klaus-Dieter Sedlacek (Herausgeber), Wilhelm Ostwald (Autor) Einführend berichtet Justus Liebig, wie die voller Geheimnisse steckende Alchemie die Grundlagen der ...

Der verborgene Mechanismus des Weltgeschehens

Der verborgene Mechanismus des Weltgeschehens Neue Erkenntnisse über die Gestalten biotechnischer Systeme der Welt Autoren: Sedlacek, Klaus-Dieter; Francé, Raoul H. Seit Jahrtausenden ist die Menschheit bestrebt, die Welt, in der sie lebt, erkennen ...

Der Weg zu Wohlstand und Reichtum

Goldene Regeln für den Aufbau einer selbstständigen Existenz. Autor: Barnum, P. T. Der Weg zum Reichtum ist, wie einer der Gründerväter der Vereinigten Staaten sagt, „so klar wie der Weg zur Mühle". ...

Die geheimnisvolle Kultur der alten Kelten

Von Druiden, Fürstensitzen und der Lebensart unserer frühgeschichtlichen Vorfahren. Autor: Grupp, Georg Die Kelten zeichneten sich aus durch hohes handwerkliches Können, Handelsbeziehungen bis in den Süden Europas und tollkühnem Mut, der den ...

Die Heldin des Radiums

Eine kleine Biografie von Marie Curie. Hrsg: Sedlacek, Klaus-Dieter. Marie Curie war eine Physikerin und Chemikerin polnischer Herkunft, die in Frankreich lebte und wirkte. Sie untersuchte die 1896 von Henri Becquerel beobachtete ...

Die Kultur der Azteken

Mit einem Anhang Große Landesausstellung Baden-Württemberg „Azteken" im Lindenmuseum. Autor: Prescott, William. „Von dem ganzen ausgedehnten Reich, das einst die Herrschaft Spaniens in der Neuen Welt anerkannte, ist kein Teil an Wichtigkeit ...

Die Lebenskraft

Wie Enzyme, Bewusstsein und quantenbiologische Effekte das Leben regulieren Autoren: Sedlacek, Klaus-Dieter; Wrobel, Norbert Der Begründer der Quantenmechanik und Nobelpreisträger Erwin Schrödinger beschäftigte sich unter anderem mit der Frage: „Was ist Leben?" ...

Die letzten Ursachen

Das Buch der Naturerkenntnis. Hrsg.: Sedlacek, Klaus-Dieter. Die klassischen physikalischen Theorien, zum Beispiel die klassische Mechanik oder die Elektrodynamik, haben eine klare Interpretation. Den Symbolen der Theorie wie Ort, Geschwindigkeit, Kraft beziehungsweise ...

Die Transzendenz der Realität

Spuren einer allumfassenden transzendenten Realität jenseits von Raum und Zeit. Autor: Klaus-Dieter Sedlacek. Der Nobelpreisträger Max Planck war einer der Pioniere der Quantenphysik und deshalb nicht verdächtig einem esoterischen Weltbild anzuhängen. Er ...

Die unbekannte Seele

Alltagsrätsel des Seelenlebens. Autor: Driesch, Hans. Es geht in dem Buch um sehr Grundlegendes. Gewiss wird der Leser auch mit Normalem zu tun haben, sogar mit sehr Alltäglichem. Aber das Normale bietet …

Die verborgene Ordnung des Weltsystems

Neue Erkenntnisse über die schöpferischen Kräfte der Natur. Autor: Francé, Raoul Heinrich. Wie zeigt sich die verborgene Ordnung des Weltsystems? Woher kommt die Erfindungskraft, die den Wohlstand bei uns sichert? Ist sie ...

Durchblick Chemie

Praktische Grundlagen und Einführung in die anorganische, organische und Biochemie Klaus-Dieter Sedlacek, Lassar Cohn, Walther Löb Wollen Sie in unserer modernen Welt mitreden? Dann brauchen Sie den Durchblick! Dazu gehören auch Grundkenntnisse ...

Einfach logisch denken!

Oder die Gesetze des Denkens. Autor: Atkinson, Wilhelm Walker In diesem Buch werden die Methoden und Prinzipien der korrekten Anwendung des Denkvermögens aufgezeigt, und zwar auf eine einfache und klare Weise, ohne ...

Einsteins Relativitätstheorie ganz ohne Mathematik
Spezielle und allgemeine Relativitätstheorie Paul Kirchberger , Klaus-Dieter Sedlacek (Hrsg.) Man wird nicht selten gefragt, ob man eine Schrift wisse, die in die Einsteinsche Theorie für Laien so einführen könne, dass ...

Emergenz
Emergenz Strukturen der Selbstorganisation in Natur und Technik Autor: Sedlacek, Klaus-Dieter Das Universum erschien bis ins 19. Jahrhundert wie ein ablaufendes mechanisches Uhrwerk. Der Schock kam im frühen 20. Jahrhundert mit dem Aufkommen ...

Epigenetik-Experimente
Neuvererbung oder Beweise für die Vererbung erworbener Eigenschaften? Autor: Kammerer, Paul Der Biologe Paul Kammerer wurde durch seine Aufsehen erregenden Experimente zur Epigenetik berühmt. In einer seiner Versuchsserien verwendete er zwei Arten ...

Es begann mit Feuerskraft
Das Werden des Menschen und seiner Kultur. Autor: Neumann, Carl Wilhelm . Seit Anbeginn seiner Tage war der Mensch keineswegs der stolze Beherrscher der Natur, als den er sich heute mit Recht ...

Exotische Reise durch Persien
Abenteuerlicher Bericht aus einer fremdartigen Welt des 19ten Jahrhunderts. Autor: Loti, Pierre. „Wer mit mir kommen und die Zeit der Rosenblüte in Ispahan sehen will, der mache sich gefasst auf die Gefahren ...

Freizeitvergnügen Sternenhimmel mit bloßem Auge
Wie man Sternbilder auffindet ohne Instrumente. Autor: Kirchberger, Paul. Der Anblick des gestirnten Himmels ist das Größte, das uns die Natur zu bieten vermag, und kein empfängliches Gemüt kann sich seinem Eindruck ...

Gefangen zwischen Eisschollen
Die dramatische Entdeckungsgeschichte der Antarktis Autor: Sedlacek, Klaus-Dieter (Hrsg.) Auf dem 6. Internationalen Geographischen Kongress 1895 in London verabschiedete man folgende Resolution: „Dieser Kongress ist der Meinung, dass die Erkundung der Antarktisregionen ...

Geld vernünftig ausgeben
Über die richtige Art von Sparsamkeit Autor: Marden, Orison Swett Im Inhalt behandelte Punkte: – Wirtschaft ist keine Schikane, sondern das planvolle Handeln zur Befriedigung von Bedürfnissen. – Kapital ist der kleine Unterschied zwischen ...

Gestalt-Psychologie
Einführung in die neue Psychologie vom Begründer der Gestaltpsychologie Kurt Koffka , Klaus-Dieter Sedlacek (Hrsg.) Kurt Koffka hat als forschender Psychologe für dieses Buch zur Einführung in die Psychologie einen besonderen …

Giganten der Physik
Giganten der Physik Die Top10-Physiker der Menschheitsgeschichte Autor: Sedlacek, Klaus-Dieter (Hrsg.) Den meisten Menschen sind Schöpfer von Kunst und Literatur vertraut, sie kennen unsere Staatslenker und Wirtschaftsführer, doch wer kennt die Giganten der ...

Homöopathie und Praxis
Naturheilkundliche alternative Medizin für den mündigen Patienten. Autor: Voorhoeve, Jacob. Der Zweck des Buches ist es, den Leser mit der homöopathischen Heilweise näher bekannt zu machen. Unter Wahrung des wissenschaftlichen Charakters gibt ...

Im dunkelsten Afrika
Die legendäre Emin-Pascha Expedition. Autor: Stanley, Henry M. Im Sudan, der ab 1821 unter die Herrschaft der osmanischen Vizekönige von Ägypten gekommen war, brach 1881 der Mahdiaufstand aus. Nach dem Abzug der ...

Ist echte Erkenntnis möglich?
Ist echte Erkenntnis möglich?: Einführung in die Erkenntnistheorie von Klaus-Dieter Sedlacek (Herausgeber), Erich Becher (Autor) Die Frage nach der Wahrheit und ihrer Sicherung liegt dem nach Erkenntnis strebenden Menschen besonders am Herzen, ...

Jenseits der Erscheinungen
Erkennbarkeit und Realität der Quantennatur. Autor: Schlick, Moritz. Es ist kein Zweifel, dass echte Erkenntnis der transzendenten Welt sehr wohl möglich ist. Die Wendung, zu der die Physik der letzten Jahre bzw. Jahrzehnte …

Kleines Wörterbuch der Natur-Philosophie
1200 Begriffe, die man kennen sollte, kurz und prägnant. Herausgeber: Sedlacek, Klaus-Dieter. „Ein neues Wörterbuch der Natur-Philosophie? Wozu soll das gut sein? Schließlich gibt es doch ein riesiges, umfangreiches Internetlexikon in aller ...

Klimaänderungen und Klimaschwankungen
Ursachen, historische Fakten und kosmische Einflüsse, sowie ein Anhang „Mittelalterliche Warmzeit" Eduard Brückner, Julius Hann , Klaus-Dieter Sedlacek (Hrsg.) Größere Klimaänderung und Klimaschwankungen können nicht ohne einen tiefgehenden Einfluss auf das ...

Kultur erleben mit dem Wohnmobil in Frankreich
Vierzig kulturelle Highlights, Park- und Übernachtungsplätze sowie Navigations-Koordinaten Klaus-Dieter Sedlacek (Hrsg.) Dieser Wohnmobilführer ist anders. Er hilft uns, Kulturerlebnisse zu einem Genuss werden zu lassen. Er enthält die Beschreibung von vierzig kulturellen ...

Leben aus Quantenstaub
Leben aus Quantenstaub Elementare Information und reiner Zufall im Nichts als Bausteine einer 4-dimensionalen Quanten-Welt Autoren: Wrobel, Norbert; Sedlacek, Klaus-Dieter Obwohl bereits vor mehr als hundert Jahren die Quantenphysik Gestalt annahm, setzte sich ...

Leben in der Warmzeit der Erde
Aus den Urtagen vor dem heutigen Klimawandel Wilhelm Bölsche , Klaus-Dieter Sedlacek (Hrsg.) Der Weltklimarat schlägt Alarm. Die Lage spitzt sich zu: Die Erde erwärmt sich immer mehr. In diesem Buch geht ...

Leben nach dem Leben
Die Befreiung des Bewusstseins von den Fesseln der Zeit Klaus-Dieter Sedlacek Für uns Menschen hat die Frage nach dem zeitlichen Ende unserer Existenz eine hohe Bedeutung. Die Antwort, die der Glaube sucht, ...

Leonardo da Vinci
Seine naturwissenschaftlichen Studien und genialen Erfindungen Hermann Grothe , Klaus-Dieter Sedlacek (Hrsg.) Leonardo da Vinci versuchte, ein Phänomen zu verstehen, indem er es genau beobachtete und bis ins kleinste Detail beschrieb ...

Liebesbeziehungen und deren Störungen
Lebensführung nach den Grundsätzen der Individualpsychologie. Autor: Alfred Adler , Klaus-Dieter Sedlacek (Hrsg.). Um einen Menschen ganz kennenzulernen, ist es notwendig, ihn auch in seinen Liebesbeziehungen zu verstehen … Wir müssen ...

Massenpsychologie am Beispiel Jan Bockelsons
Geschichte eines Massenwahns mit einer Einführung von Sigmund Freud Friedrich Reck-Malleczewen , Klaus-Dieter Sedlacek (Hrsg.) Der Begriff Massenhysterie oder auch Massenwahn bezeichnet eine starke emotionale Erregung in großen Menschenmengen. Auch massenhaft ...

Mein Leben im Tropenparadies
Fünfundzwanzig Jahre in Ceylon – Erlebnisse und Abenteuer. Autor: Hagenbeck, John. Ein Mann des praktischen Lebens und ein Mann der Feder haben sich zusammengetan, um gemeinschaftlich in

diesem Buch die Naturwunder und ...

Meine erste Weltumseglung

Tagebuch einer epochalen Expedition James Cook , Klaus-Dieter Sedlacek (Hrsg.) James Cook unternahm seine erste Weltumseglung im Rahmen einer wissenschaftlichen Expedition, um den Durchgang des Planeten Venus vor der Sonnenscheibe – ...

Mit der Beagle um die Welt

Bericht meiner Forschungsreise zum Galapagos-Archipel Charles Darwin , Klaus-Dieter Sedlacek (Hrsg.) Auszug aus Darwins Reisebericht: Ich habe die Reise mit zu tief empfundenem Entzücken gemacht, als dass ich nicht jedem Naturforscher empfehlen ...

Naturphilosophie

Das Wesen von Naturgesetzen und die Erklärung des Lebens. Neubearbeitung. Autor: Schlick, Moritz. Die Naturphilosophie verhält sich zur Naturwissenschaft wie die Philosophie im Allgemeinen zur Wissenschaft überhaupt. So ist es die Aufgabe ...

Optische Täuschungen

... und Illusionen, sowie ihre Ursachen. Autor: Reuss, August von . Optische Täuschungen bzw. Illusionen können nahezu alle Aspekte des Sehens betreffen. Es gibt Illusionen aller Art, Lichtblitze, Farbreize, Tiefenillusionen, geometrische Illusionen, ...

Peking – Paris im Automobil

Die legendäre 16.000 km – Rallye 1907. Autor: Barzini, Luigi. „Gibt es jemanden, der diesen Sommer eine Fahrt per Automobil von Peking nach Paris unternehmen wird?", fragte die Pariser Zeitung Le Matin ...

Phänomen Naturgesetze

Phänomen Naturgesetze Das Geheimnis hinter den Erscheinungen der Welt Autor: Sedlacek, Klaus-Dieter Was uns an den beinahe mythischen Denkern der antiken Welt so fasziniert, ist die wundervolle, abgeschlossene Einheit ihres Weltbildes. Mit welcher ...

Psychologische Verkaufskunst

Denk- und Handlungsweisen, Vorgangsweise und Abschluss. Autor: Atkinson, Wilhelm Walker. In der Psychologie der Verkaufskunst gibt es zwei wichtige Elemente, nämlich (1) Die Psyche des Verkäufers; und (2) die Psyche des Käufers. Das zu verkaufende ...

Quantenbewusstsein

Quantenbewusstsein Natürliche Grundlagen einer Theorie des evolutiven Quantenbewusstseins Autoren: Wrobel, Norbert; Sedlacek, Klaus-Dieter Seltsam sind die physikalischen Gesetze, die unsere Welt wirklich beherrschen: Es sind die Gesetze einer makroskopischen Quantenwelt, in der alles ...

Real Life After Life

The liberation of consciousness from the shackles of time. Autor: Sedlacek, Klaus-Dieter. For us humans the question of the temporal end of our existence is of great importance. The answer that faith ...

Strahlende Kräfte durch positives Denken

Die Wurzeln des Erfolgs und Wege zum Glück. Autor: Peters, Emil . Aus dem Inhalt: – Charakter, Wille und Persönlichkeit – Die Macht deiner Gedanken – Vom Schaffen und vom Ruhen – Die Verjüngung deines Lebens – ...

Supervereinigung

Wie aus nichts alles entsteht. Ansatz einer großen einheitlichen Feldtheorie. – Neuausgabe -. Autor: Sedlacek, Klaus-Dieter. Unter Physikern herrscht allgemein Übereinstimmung darin, dass die fundamentale Wirklichkeit unserer Welt aus Feldern besteht. Bei ...

Synthetisches Bewusstsein

Synthetisches Bewusstsein Wie Bewusstsein funktioniert und Roboter damit ausgestattet werden können. Autor: Sedlacek, Klaus-

Dieter Bewusstsein zeigt sich nach Überzeugung der meisten Wissenschaftler im Zusammenhang mit der im Gehirn stattfindenden Informationsverarbeitung. Es ist keine ...

The great god Pan / Der große Gott Pan – zweisprachig

Horror story English – German / Horror Geschichte Englisch – Deutsch. Autor: Machen, Arthur. The Great God Pan is a horror and fantasy novel by the Welsh writer Arthur Machen. Machen was ...

The nature of the physical world

The Gifford Lectures 1927 Sir Arthur Eddington , Klaus-Dieter Sedlacek (Hrsg.) In these lectures the author Eddington discusses some of the results of modern study of the physical world which give ...

The Philosophy of Physical Science

TARNER LECTURES 1938 – CAMBRIDGE Sir Arthur Eddington , Klaus-Dieter Sedlacek (Hrsg.) It is often said that there is no „philosophy of science", but only the philosophies of certain scientists. But ...

Transzendenz und Unendlichkeit

Die Welt- und Lebensanschauungen eines Physikers Max Bernhard Weinstein , Klaus-Dieter Sedlacek (Hrsg.) Weinstein verfasste mit seinem Buch über „Welt- und Lebensanschauungen" eines der umfassendsten Darstellungen der Idee des metaphysisch geprägten ...

Treibhauseffekt und Klimawandel

Energiewende, ja bitte, aber nicht wegen CO2. Von Sedlacek, Klaus-Dieter (Hrsg.) Dieses Buch dokumentiert zum Thema Klimawandel und CO2 teils unbequeme wissenschaftliche Fakten bzw. Meldungen und die dazugehörigen Quellen. Sie sind eingeladen, ...

Unsterbliches Bewusstsein

Raumzeit-Phänomene, Beweise und Visionen – Taschenbuchausgabe Klaus-Dieter Sedlacek In diesem Buch geht es weder um Glauben noch um Esoterik, sondern um Beweise. Glaubwürdige, wissenschaftliche Beweise, die in eine Form gepackt sind, dass ...

Was man über Chemie wissen sollte

Was man über Chemie wissen sollte: Chemie im täglichen Leben von Lassar Cohn (Autor), Klaus-Dieter Sedlacek (Herausgeber) In leicht verständlicher und äußerst fesselnder Darstellung behandelt der Verfasser die Stoffe, mit denen das ...

Wege zur Physikalischen Erkenntnis

Meine wissenschaftliche Selbstbiographie, Reden und Vorträge Max Planck , Klaus-Dieter Sedlacek (Hrsg.) Diese erweiterte Neuauflage des Buchs „Wege zur physikalischen Erkenntnis" enthält neben der wissenschaftlichen Selbstbiographie folgende Vorträge: Die Einheit des physikalischen ...

Wie intelligent sind Pflanzen?

Sensationelle Einblicke in die geheime Seite des pflanzlichen Wesens Autoren: Wagner, Adolf; Sedlacek, Klaus-Dieter In diesem Buch behandeln die Autoren Fragen zum Thema Intelligenz und Bewusstsein bei Pflanzen und geben Antworten. Der ...

Wie man seinen Verstand benutzt

Und seine Willenskraft stärkt. Ein praktisches Handbuch der Psychologie. Autor: Atkinson, Wilhelm Walker. Der Mechanismus der psychischen Zustände – die geistige Maschinerie, mit deren Hilfe wir fühlen, denken und wollen – ...

Zeichnen für Einsteiger

Achtzehn Lektionen in naturalistischem Zeichnen. Autor: Furniss, Dorothy. Magst du die Malerei? Ist Zeichnen für dich interessant? Hast du einen Bleistift, eine Schachtel Kreide oder einen Malkasten? Denn wenn du auch nur ...

Internet: https://leseproben.net